JN098711

Python
ハンズオンによる
はじめての
線形代数

中西崇文 [著] Takafumi Nakanishi

森北出版

はじめに

　本書は、線形代数の基礎をプログラミング言語 Python を用いた簡単なプログラミングを通じて、線形代数の各概念のイメージを掴みながら学習するための入門的な教科書です。高校数学の初等的な知識があれば十分に理解できる内容となっています。また、Python については、Google Colaboratory というサービスを使った環境を想定し、なるべく簡単に実行環境を手に入れ、なるべく単純な記法になるように構成されているため、プログラミング初心者にも十分読み進められる内容となっています。

　2021 年現在、AI 人材・データサイエンティストが注目される中、これらの人材がまず必要とする数理的知識・スキルとして、統計、微分積分、線形代数が挙げられるでしょう。その中でも、線形代数は、AI 人材・データサイエンティストがデータサイエンスの世界に精通するためにはもっとも基本となり、必要となる数理的知識であるといっても言い過ぎではありません。例えば、大量のデータを一括して処理する際に配列を用いますが、その配列こそ、線形代数で扱うベクトル、行列の概念につながります。また、ニューラルネットワークのある層からある層への伝搬は、線形写像・線形変換の概念につながります。そもそも、ICT の多くの技術はある入力と出力の関係をプログラミングなどにより記述することで実現するものであり、この一番シンプルな記述が線形写像・線形変換になると考えてよいでしょう。しかしながら、線形代数の初学者にとって、行列式、逆行列、固有値、固有ベクトルなど、それが何の役に立つのか悩まされる概念も多いと思います。

　上記のことから、本書では、ベクトル、行列の演算や基本的な性質を、Python で簡単なプログラミングを通じて実践しながら理解していくと同時に、線形写像・線形変換の具体的事例も Python で実践しながら学習していくこととします。

　本書が、線形代数の概念や具体的事例を Python のプログラミングによって実践して理解していく形にこだわる理由は、「使える数理的知識・スキル」を身につけることに着目しているからです。「使える数理的知識・スキル」とは、データサイエンスの文脈で述べるならば、具体的には、数式、データをプログラムにブレイクダウンする能力と考えられます。線形代数を単なる数理的知識として身につけるだけでも不十分であり、Python でプログラミングする能力だけでも不十分であり、これらの能力をブリッジする能力が必要です。このブリッジする能力を一番発揮しやすいのが線形代数

と Python です。

　ここで、なぜ Python か、理由を述べましょう。もちろん、Python が 2021 年現在において、AI 人材・データサイエンティストが用いるプログラミング言語としてよく使われているからという理由もあります。それ以上に、Python は線形計算を扱うツール、ライブラリ、モジュールがたくさんあるからです。具体的には、行列式、逆行列、固有値、固有ベクトルなどの線形代数特有の計算を実質 1 行で書くことが可能です。また、Python はインタプリタ言語であり、その書いたコードの結果を簡単に確認することも可能です。さらに、前述のとおり、Google Colaboratory というサービスを用いれば、Google のアカウントと Chrome ブラウザがあれば、簡単に Python を実行できる環境を手に入れることができます。つまり、プログラミング経験が浅い初学者にとっても、プログラムを学びながら線形代数を学ぶことを可能にするために、Python を選択しています。

　本書は、武蔵野大学データサイエンス学部データサイエンス学科の 2 年生の必修科目である「データと数理 I」の内容に準拠しています。本講義は、単なる「線形代数」の内容を座学で学ぶのではなく、プログラミングやグループワークを通じて、各単元をどのような場で利活用するのかを実装しながら学ぶ内容となっています。本書では、「データと数理 I」の講義と同様、なるべく「線形代数」の概念を学びながらプログラミングする、実装していくという実践的な内容を意識して構成しています。

　ちなみに、武蔵野大学データサイエンス学部では「アジャイル型教育」[1], [2] を推し進めています。これは、1 年生は 1 年生の知識・スキルの取得とともに実践を併せて体験し、2 年生は 2 年生の知識・スキルの取得とともに実践を併せて体験するといった具合に、知識・スキルの取得とその実践の体験というイテレーションを回し続けるようなスタイルの教育を指します。これまでの教育は、1 年生は基礎科目をしっかり学んで、2、3 年生でその上に応用を積み上げ、4 年生になって卒業研究で初めて実践するというスタイルであるため、近年の急速なスピードで変化を遂げる社会に対応する実践力を身につけるためには、間に合わないと考えられます。それに対して、アジャイル型教育では、知識・スキルを学びながら実践をしていくということで、実世界の実問題にアドレスした「活かしていく」力を素早く発揮することができると考えられます。本書は、これらの背景を踏まえ、「線形代数」というデータサイエンスの基礎となる知識の習得とともに、それを具体的に実践するプログラムを組んでいくという体験のイテレーションを回しながら展開していきます。本書は、「線形代数」を実践で「活かしていく」力を育むために生まれた書です。

本書の構成は下記のとおりです。

1章　Pythonの環境設定と基本操作

本書でハンズオンとして使うGoogle Colaboratoryの扱い方と簡単なPythonの基本操作について述べます。この章については、Pythonのプログラミングに慣れている方は飛ばしていただいてもかまいません。

2章　線形代数のイメージ

線形代数の大きな話題の一つ、線形写像/線形変換がどのように使われるかというイメージを述べます。ここで、例として、線形変換によってアフィン変換（画像処理における平行移動、拡大・縮小、回転、せん断、鏡映）が実現できるということも触れます。

3章　ベクトルの基本—ノルム、距離、内積

ベクトルとは何か、基本演算という導入から、Pythonによるハンズオンで計算結果を確かめながら進めます。また、ベクトル空間の概念や線形独立・線形従属の解説をはさみ、ベクトルを評価するための「ものさし」としてノルム、距離、内積を紹介します。これと同時に、色の違いを距離やコサイン類似度で計算するといった実践的なPythonハンズオンを展開します。

4章　行列の基本—連立1次方程式を解くために

行列の生まれた背景を辿るため、連立1次方程式を扱い、これをどのように行列表現するのかを学び、そこから派生する逆行列、行列式の概念をPythonによって、計算結果を確認しながら進めます。またガウスの消去法による連立1次方程式の解き方についても示し、最後にPythonで計算しながら行列の基本演算について述べます。

5章　線形写像/線形変換

2章で述べた線形代数のイメージからつなげ、具体的に線形写像・線形変換をどのように計算するのかを学ぶと同時に、合成、像 Im f、核 Kernel f といった概念を述べます。各概念を学ぶところで、Pythonのハンズオンを展開していきます。

6章　アフィン変換—画像の平行移動、拡大・縮小、回転、せん断、鏡映

2章で述べたイメージ、5章で述べた線形写像/線形変換の内容を基本にして、平面画像処理、平行移動、拡大・縮小、回転、せん断、鏡映について具体的な行列演算で実現できることを示します。さらに変換の合成という観点から、アフィン変換へ昇華させるストーリーを展開すると同時に、Pythonでのハンズオンによりアフィン変換を体現します。

7章　固有値・固有ベクトル

　基底の取り替え、対角化にどんなメリットがあるのか背景を述べたのち、固有値、固有ベクトルの概念を Python のハンズオンにて、計算結果を確認しながら理解していきます。また、最後には、応用例として Google の PageRank を挙げ、具体的に固有値、固有ベクトルを使った Web ページの重要度計算方式についても述べます。

では、Python のプログラミングと線形代数の世界に入っていくことにしましょう。

目　次

本書で紹介したサンプルプログラムや画像等のデータは、下記のサイトからダウンロードできます。

https://www.morikita.co.jp/books/mid/085581

本書では、プログラムの入力部分を以下のような枠で表します。

1+1

また、出力部分は以下のような枠で表します。

2

1章

Python の環境設定と基本操作

　本書ではプログラミング言語としてPythonを使っていきます。Python は、文法が
シンプルで可読性が高いインタプリタ言語です。現在 Python には数万以上のツール、
ライブラリ、モジュールが公開されており、そのツール、ライブラリ、モジュールを
用いることによって、簡単にプログラミングすることが可能です。もちろん、Python
は線形計算を扱うツール、ライブラリ、モジュールも豊富です。Python の動作環境は
PythonのWebサイト（`https://www.python.org`や`https://www.anaconda.com/`
`products/individual`）からダウンロードし、インストールすることも可能ですが、
本書では、Google Colaboratoryを使って、ブラウザ上から Python を動作させてい
くこととします。別の方法については 1-1 節末の「一歩深く」を参照してください。
　本章では、Google Colaboratory の使い方、簡単な Python の文法について触れる
ことにします。文法については最小限度しか触れないため、Python の詳細な文法や
書き方を学びたい方は、他の文献、Web ページを参照してください。

1-1　Google Colaboratory の導入

Google Colaboratory はブラウザから、Python を記述・実行可能な無料環境です。
本書では、Google Colaboratory を用いて Python のプログラミングを行いながら、
学習を進めていくことにします。

Google Colaboratory を使うことのメリットとして次が挙げられます。

- 無料で使うことが可能
- 環境構築がほぼ不要
- チームで共有して作業可能
- GPU（Graphics Processing Unit：3D グラフィックや画像処理を行う際に使われ
  る演算処理を行うチップであり、この高い演算処理能力を用いてディープラーニ
  ングの学習・推論を処理すると最適であることが知られている）を無料で使える

これに対し、デメリットとして次が挙げられます。

- データ読み込みに特別な操作が必要
- 90 分ルールと 12 時間ルールと呼ばれる、実行中のプログラムであっても強制的
  にリセットされてしまう場合がある

つまり、GPU を無料で使えるなど、かなり強力な計算機環境を無料で、環境構築をほ

ぼせずに使うことができる一方で、長時間処理をし続けないといけないようなプログラムを回すには適さないといえます。

1-1-1　GoogleアカウントとChromeブラウザの準備

Google Colaboratory を利用するにあたり、Google アカウント（Gmail、Google ドライブのアカウント）と Chrome ブラウザの準備が必要です。

Google アカウントをまだおもちでない方は、Google アカウント作成サイト（`https://accounts.google.com/signup`）にアクセスし、必要事項を記入し、アカウントを作成してください。

また、Google Colaboratory は推奨ブラウザがChromeであるため、まだ Chrome をインストールされてない方は Chrome のサイト（`https://www.google.co.jp/chrome/`）にアクセスし、ダウンロード、インストールをしてください。

1-1-2　Google Colaboratoryへのアクセス、利用方法

1-1-1 項で準備した Chrome ブラウザで、Google Colaboratory のページ（`https://colab.research.google.com/`）にアクセスすると、図 1-1 のようなページが表示されます。

この画面内の「ログイン」をクリックして、Google アカウントでログインしてください。まずは、新しく Python のプログラムを入力・実行できる「ノートブック」を

図 1-1　Google Colaboratory の最初の画面

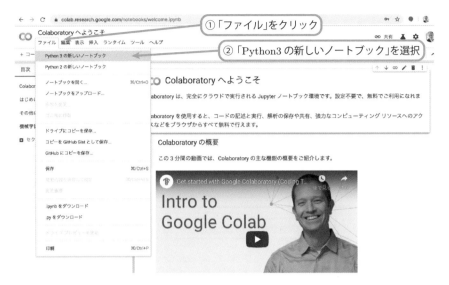

図1-2　Google Colaboratory で新しいプログラミングを始める場所（ノートブック）を作成する

作成する必要があります。「ファイル」をクリックした上で「Python3 の新しいノートブック」を選択してください（図1-2）。

すると、図1-3 のような画面になります。この画面中の太線で囲んだ部分のことを「セル」と呼び、ここにプログラムを入力し、実行することができます。

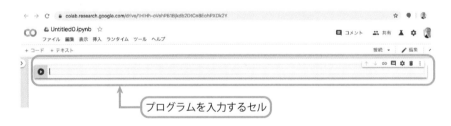

図1-3　Google Colaboratory の新しいノートブック

例えば、このセルをクリックしたあと、セルに「1+1」と入力し、さらに [shift] ＋ [enter(return)] をすると、1+1 の答えである 2 が出力されます（図1-4）。セルに入力した「1+1」が Python のプログラムになります。また、[shift] ＋ [enter(return)] は該当するセルに書かれているプログラムを実行するということになります。

さらに、図1-5 のように新たなセルをどんどん増やし、そこに新しいプログラムを書いて一つずつ実行していくことが可能です。セルを追加したいときには画面左上にある「＋コード」、もしくは「＋テキスト」をクリックすれば、該当したセルの下に新

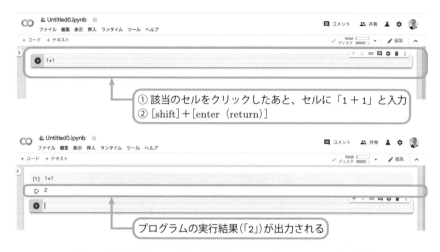

① 該当のセルをクリックしたあと、セルに「1＋1」と入力
② [shift]＋[enter（return）]

プログラムの実行結果（「2」）が出力される

図 1-4　最初の Python プログラムを Google Colaboratory 内で実行

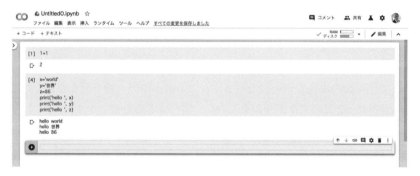

図 1-5　新たな Python プログラムを Google Colaboratory 内で実行

たなセルが追加されます。

ここで、「＋コード」で追加されたセルにはPythonのプログラムを入力することができます。「＋テキスト」で追加されたセルには、説明などのテキストをMarkdown形式で入力することができます。図1-6はセルにMarkdown形式で入力した例です。箇条書きや数式が入力できます。その他、表なども入力可能です。詳しいMarkdownの記法については`https://colab.research.google.com/notebooks/markdown_guide.ipynb`を参照してください。

この「ノートブック」は、Googleドライブ内でファイルとして保存されています。ファイル名はデフォルトでは「Untitled1.ipynb」となっていますが、図1-7のように、クリックして自由に名前の変更が可能です。ただし、ファイル名の拡張子である「.ipynb」はつけたままにしたほうが後々混乱を避けることができます。今回の場合は

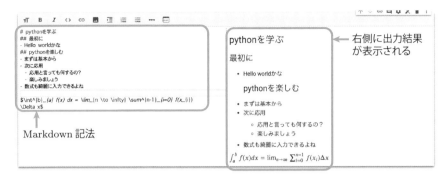

図1-6　テキストのセルに Markdown 記法で入力

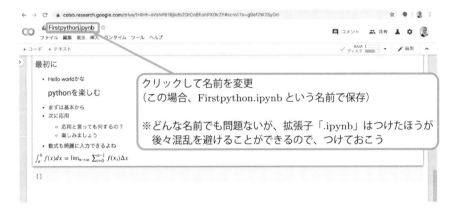

図1-7　ファイル名変更

図1-8　Google ドライブ内のノートブック形式ファイル

「Firstpython.ipynb」というファイル名にしました。

「Firstpython.ipynb」というファイルは、Google ドライブの「マイドライブ」の「Colab Notebooks」の中に保存されています（図1-8）。Google ドライブ（https://drive.google.com/）にアクセスして確認してみましょう。

Google ドライブ内のノートブック形式ファイルを開く場合は、該当のファイルを右クリックし、「アプリを開く」をマウスオーバーした上で、「Google Colaboratory」

例えば、「マイドライブ」の「Colab Notebooks」に保存されている
「Firstpython.ipynb」を読み込む

図 1-9　ノートブック形式ファイルの開き方

をクリックすれば、ファイルを見ることができます（図 1-9）。

一歩深く ▶ ● ● ● **お手持ちの PC に Python の環境をインストールする**

　Google Colaboratory ではブラウザから、Python を記述・実行可能な無料環境にアクセスすることができますが、読者の中には、自分の PC に Python の環境をインストールして進めたいと考えた方もいるかと思います。Python の動作環境はインターネットからダウンロードし、インストールをすることで構築することができます。Google Colaboratory がうまく動作しない方、余裕のある方も（？）チャレンジしてみてください。

　Python の配布形態の中で、Python 本体とデータサイエンスや機械学習でよく用いられるパッケージをまとめてインストールできるものに「Anaconda」があります。ここでは、Anaconda をインストールしていくことにします。

　Anaconda は、2021 年 7 月現在、https://www.anaconda.com/products/individual にアクセスし、Download をクリックし、自身の OS に合わせて「Graphical Installer」を選べばダウンロードできます。ダウンロードしたものを立ち上げて、デフォルトのままでインストールすれば完了です。

　Google Colaboratory に似たインタフェースで実行したい場合、Jupyter Notebook を立ち上げるのがよいでしょう。Windows の場合は「スタートメニュー」の中の「Anaconda 3」の中のJupyter Notebookをクリックすれば、ブラウザが立ち上がります。MacOS の場合は、「アプリケーション」から「ユーティリティ」を選び、その中にある「ターミナル」を立ち上げ、「ターミナル」上に「jupyter notebook」と入力し、[enter(return)] を押

せば、ブラウザが立ち上がります。図 1-10 のような画面になったら、画面右上の「New
▼」をクリックし、「Python 3」をクリックすると、新たなファイルが作られ、Google
Colaboratory に似たインタフェースでプログラムができます。

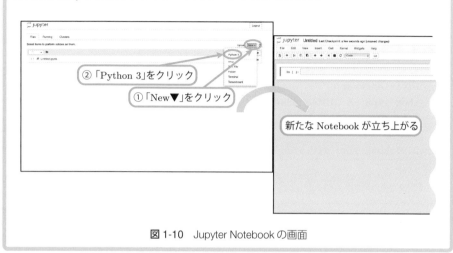

図 1-10　Jupyter Notebook の画面

1-2　Python の基本文法

1-2-1　四則演算

　Python で四則演算を行う記号は、足し算「+」、引き算「−」、掛け算「*」、割り算
「/」となります。これらの記号は演算子と呼ばれます。数学のルールと同様に、ゼロ
で割ることはできないので、「5/0」のように入力するとエラーが出力されます。また、
長い計算式や ( ) つきの式を入力することも可能で、その場合、掛け算、割り算、( )
内が先に計算されます。

　これらの計算例をリスト 1-1 に示します。

▶リスト 1-1　四則演算の計算例

```
1+1          ← 足し算
```
```
2
```
```
2-1          ← 引き算
```
```
1
```
```
4*7          ← 掛け算
```

```
28
```

```
10/2          ← 割り算
```

```
5.0
```

```
5/0           ← ゼロで割るとエラーとなる
```

```
--------------------------------------------------
ZeroDivisionError          Traceback (most recent call last)
<ipython-input-5-0106664d39e8> in <module>()
----> 1 5/0

ZeroDivisionError: division by zero
```
エラー

```
2+3*4         ← 掛け算が先に計算される
```

```
14
```

```
(2+3)*(4-2)   ← ( ) 内が先に計算される
```

```
10
```

1-2-2　変　数

　変数とは、あとから繰り返し使用したり参照したりしたい数値や文字列を格納するために用います。例えば、リスト 1-2 にあるように、変数 name には文字列「Yamada」（文字列を格納する際には「'」（シングルコーテーション）で囲む）、変数 age には数値「22」を格納しています。次に説明する print() という文を使って、変数 name、age の中身を表示させることも可能です。さらに、「age=age+2」は、age に格納されている数に 2 を足して格納し直すという意味です。

▶リスト 1-2　変数の例

```
name='Yamada'  ← 変数 name を定義し、'Yamada' という文字列を格納
age=22         ← 変数 age を定義し、22 という数値を格納
```

```
print(name)
print(age)
```
print によって変数の中身を表示

```
Yamada
22
```

```
age=age+2      ← 22 + 2 になる
```

```
print(name)
print(age)
```
}print によって変数の中身を表示

```
Yamada
24
```

1-2-3 print 文

リスト 1-2 では print() という文が出てきました。例えば、「print(age)」の場合
は変数 age に格納された値「22」を表示します。また、「print(name)」の場合は変数
name に格納された文字列「Yamada」を表示します。プログラムの最後の行にその変
数のみ、例えば「age」と記述した場合も、「print(age)」と記述する場合と同様に出
力させることができます（リスト 1-3）。

さらに、変数に限らず、任意の文字列を表示させることができます。リスト 1-3 の最
後のように、表示したい文字列を「'」で囲むことで文字列を指定することができます。

▶リスト 1-3　print の例

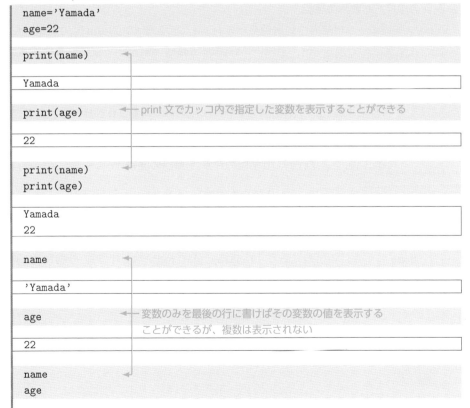

```
name='Yamada'
age=22
```

```
print(name)
```

```
Yamada
```

```
print(age)
```
← print 文でカッコ内で指定した変数を表示することができる

```
22
```

```
print(name)
print(age)
```

```
Yamada
22
```

```
name
```

```
'Yamada'
```

```
age
```
← 変数のみを最後の行に書けばその変数の値を表示する
ことができるが、複数は表示されない

```
22
```

```
name
age
```

```
22
```

```
print('Yamada')  ← 表示したい文字列を「'」で囲むことで文字列を指定できる
```

```
Yamada
```

1-2-4 配 列

(1) 配列とは

　配列とは、複数の値をまとめて格納するために用います。Pythonでは標準として用意されたもの以外にもモジュール[†]を導入することにより、高度な配列を用いることができます。本書では、NumPyというモジュールの配列を用いることとします。NumPyとは、Pythonにおいて数値計算を効率的に行うための拡張モジュールです。NumPyモジュールの配列は、次章以降で扱うベクトル、行列とみなして計算をするのに適しています。

(2) 配列の作り方と要素の確認

　NumPyモジュールの配列の利用例をリスト1-4に示します。NumPyモジュールを読み込むためには、「import」を使い「import numpy as np」と記述します。「as np」とは、「NumPyモジュールを以降のプログラム上ではnpという別名で使用する」という意味です。その次にnameという配列を定義し、0番目に「Yamada」、1番目に「Tanaka」、2番目に「Suzuki」を格納しています（配列の要素は0番目から数えることに注意をしよう）。定義全体の形は

配列名 =np.array([0番目の要素,1番目の要素,…])

のようになります。同様にageという配列を定義し、0番目に「22」、1番目に「40」、2番目に「55」を格納しています。print()を使って、「print(name[2])」とする場合、nameの2番目の要素である「Suzuki」が出力されます。同様に「print(name[1])」の場合、nameの1番目の要素である「Tanaka」が、「print(age[1])」の場合、ageの1番目の要素である40が出力されます。

[†]　モジュールとは、他のプログラムから再利用できるようにしたプログラムであり、Pythonの場合「import」で呼び出すことができます。

(3) 配列の演算

　配列同士の四則演算も可能で、要素ごとの計算結果をまとめた配列として出力されます。例えば、リスト 1-4 の「a+b」の場合、変数 a が配列 [1,2,3]、変数 b が配列 [4,5,6] であり、それぞれの要素ごとに計算をするため、1＋4, 2＋5, 3＋6 により、「array[5,7,9]」と出力されます。ここで出力の array とは、a+b も NumPy モジュールの配列であることを意味します。また、「a-b」も同様に考えると、1－4, 2－5, 3－6 となるため「array[-3,-3,-3]」と出力されます。ただし、配列同士の計算では、要素の数が同じものしか足し算、引き算ができません。例えば、「a-c」の場合、変数 a は配列 [1,2,3]、変数 c は配列 [1,2] であり、要素の数が異なるためにエラーが出力されます。また、「name+age」のような文字列と数値を足し合わせるような演算もできず、エラーが出力されます。

▶リスト 1-4　NumPy モジュールの配列の例

```
import numpy as np                              ← NumPy モジュールの読み込み
                                                  配列 name を定義し、'Yamada',
name=np.array(['Yamada','Tanaka','Suzuki'])     'Tanaka', 'Suzuki' を格納
age=np.array([22,40,55])                        ← 配列 age を定義し、20, 40, 55 を
                                                  格納

print(name[2])    ← 配列 name の 2 番目の要素を表示 ※配列は 0 番目から数えることに注意
print(name[1])    ← 配列 name の 1 番目の要素を表示
print(age[1])     ← 配列 age の 1 番目の要素を表示
```

```
Suzuki
Tanaka
40
```

```
a=np.array([1,2,3])
b=np.array([4,5,6])    配列 a, b, c を定義
c=np.array([1,2])
```

```
a+b               ← 配列の足し算
```

```
array([5, 7, 9])
```

```
a-b               ← 配列の引き算
```

```
array([-3, -3, -3])
```

```
a-c    ← 要素数が異なる配列の引き算はエラーとなる
```

```
--------------------------------------------------------
ValueError                    Traceback (most recent call last)
<ipython-input-25-6f0e715cd956> in <module>()
----> 1 a-c

ValueError: operands could not be broadcast together with
shapes (3,) (2,)
```
⎫ エラー

name+age　←　文字列と数といった型が異なる配列の引き算はエラーとなる

```
--------------------------------------------------------
UFuncTypeError                Traceback (most recent call last)
<ipython-input-26-4fdcf636574d> in <module>()
----> 1 name+age

UFuncTypeError: ufunc 'add' did not contain a loop with signature
matching types (dtype('<U21'), dtype('<U21')) -> dtype('<U21')
```
⎫ エラー

1-2-5　条件分岐

　条件分岐とは、条件によって違った処理を実行することを指します。具体的な例として、リスト1-5に条件分岐の簡単な例を示します。

▶リスト1-5　条件分岐の例

```
val=10

if val > 0:
    print('valは正の値です')
elif val == 0:
    print('valは0です')
elif val < 0:
    print('valは負の値です')
else:
    print('エラー')
```
valは正の値です

　変数valに「10」という値が入っています。条件文はPythonでは、if、elif、elseを使って表現します。もしvalが0より大きい場合は「print('valは正の値です')」、valが0の場合は「print('valは0です')」、valが0より小さい場合は「print('valは負の値です')」、その他の場合は「print('エラー')」という処理を実行することになっているため、val=10なので、「valは正の値です」と出力されるはずです。最

初の行を「val=0」と変更すれば、「val は 0 です」と出力され、「val=-3」と変更すれば、「val は負の値です」と出力されるはずです。

条件分岐を一般的な形で書くと、図 1-11 のようになります。

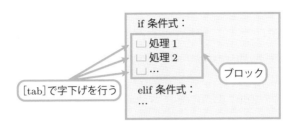

図 1-11　条件分岐の書式

ここで注意したいのは、Python では、条件文に対する処理は [tab] を使って字下げを行い記述することです。字下げをした部分をブロックと呼び、処理のまとまりを表します。

条件文を記述する際に用いる「>」「<」「==」などの記号を比較演算子と呼びます。比較演算子については、表 1-1 に示すものがあります。比較演算子の計算結果は「True」（真）か「False」（偽）となります。

表 1-1　比較演算子

演算子	記述例	意味
==	x==y	x と y の値が等しい
!=	x!=y	x と y の値が等しくない
>	x>y	x は y よりも値が大きい
<	x<y	x は y よりも値が小さい
>=	x>=y	x は y 以上の値
<=	x<=y	x は y 以下の値

1-2-6　反　復

反復とは、一定回数同じ処理を繰り返し行うことです。反復を表現するのに Python では、for を使います。具体的な例として、リスト 1-6 に反復の簡単な例を示します。

▶リスト 1-6　反復の例

```
import numpy as np

name=np.array(['Yamada','Tanaka','Suzuki'])

for n in name:
```

```
    print(n)

Yamada
Tanaka
Suzuki
```

　配列 name の 0 番目に「Yamada」、1 番目に「Tanaka」、2 番目に「Suzuki」が格納されています。「for n in name」とは、この配列の要素数を範囲として、n に値を入れながら繰り返すという意味です。つまりここでは、n = 0, 1, 2 として「print(n)」を繰り返します。その結果、配列の要素「Yamada」「Tanaka」「Suzuki」が順に出力されます。

　反復を一般的な形で書くと、図 1-12 のようになります。

図 1-12　反復の書式

　ここで注意したいのは、反復の処理の部分は [tab] を使って字下げを行い記述され、ブロックという処理のまとまりを表現することです。

1-2-7　関　数

　関数とは、何度も行う処理がある場合、その処理を一つのまとまりとして記述したものです。Python では def を用いて定義をします。具体的な例として、リスト 1-7 に簡単な関数の例を示します。

▶リスト 1-7　関数の例

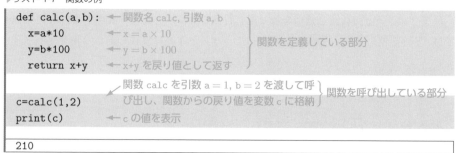

210

　ここで定義しているのは「calc」という名前の関数であり、引数としてa, bという値を与えることができます。引数とは、関数の外部からその値を代入する特別な変数を指します。この場合、calcという名前の関数に関数の外からaとbという変数を与えることができます。calc関数の中では、変数xに引数aを10倍した値を格納し、変数yに引数bを100倍した値を格納し、「return x+y」として、xとyを足し合わせた数を戻り値として返しています。戻り値とは、関数での処理結果を外部に渡すための値のことを指します。

　例えば、この作成した「calc」という関数を呼び出すときには、「c=calc(1,2)」という形で記述します。引数として、1と2が渡されています。つまり、a＝1, b＝2となるので、変数xには10、変数yには200が格納され、結果210という値が戻り値として返され、その戻り値は変数cに格納されるという流れです。その結果、「print(c)」によって「210」が出力されます。

　関数の定義を一般的な形で書くと、図1-13のようになります。

図1-13　関数の書式

　ここで注意したいのは、関数の中の処理は字下げをして、ブロックとして定義する必要があることです。

1-2-8　グラフ表示

　Pythonで配列に格納された数値をグラフに表現して描画することは、比較的簡単に実現できます。ここではその中でも、matplotlibというモジュールを用いた、折れ線グラフ、棒グラフを描画する簡単なサンプルプログラムを示すことにします。

(1) 折れ線グラフ

　リスト1-8に、2019年の東京の月ごとの平均気温を折れ線グラフとして描画するサンプルプログラムを示します。

▶リスト 1-8　折れ線グラフのサンプルプログラム

```
import numpy as np
import matplotlib.pyplot as plt          モジュールのインポート
%matplotlib inline

month=np.array([1,2,3,4,5,6,7,8,9,10,11,12])
temparature=np.array([5.6, 7.2, 10.6, 13.6, 20.0, 21.8, 24.1, 28.4,
25.1, 19.4, 13.1, 8.5])

plt.plot(month, temparature, marker='o')    x軸の値、y軸の値、プロットの形を
                                            指定
plt.ylim(0,30)                              y軸の値の表示範囲を指定
plt.show()                                  グラフを表示
```

　まず、NumPy モジュールと matplotlib モジュールをインポートします（%matplotlib inline などは、ここでは matplotlib を使ってグラフを気軽に出力するためのおまじないと考えていただいて結構です）。NumPy モジュールの配列を使って、変数 month に月（1〜12 月の意味）、変数 temperature には実際の 2019 年の東京の月ごとの平均気温を格納します（平均気温の値は、気象庁のページ（https://www.data.jma.go.jp/gmd/risk/obsdl/index.php）から地域、期間等を指定してダウンロードすることができます）。気象庁のページから得た 2019 年の東京の平均気温については、表 1-2 に示します。「plt.plot(month, temperature, marker = 'o')」は、x 軸に month の値、y 軸に temperature の値を割り当て、プロットの形を●にするという意味です。「plt.ylim(0,30)」は y 軸の表示範囲を 0 から 30 にするという意味です。「plt.show()」はこれらの設定したグラフを表示するという命令です。このように、

plt.plot(x 軸の値が格納された配列, y 軸の値が格納された配列, marker = 'o')

とすることで折れ線グラフが描け、配列を入れ替えることで、様々なグラフが描けます。

表 1-2　2019 年の東京の平均気温

月	1月	2月	3月	4月	5月	6月	7月	8月	9月	10月	11月	12月
気温	5.6	7.2	10.6	13.6	20.0	21.8	24.1	28.4	25.1	19.4	13.1	8.5

(2) 棒グラフ

リスト 1-9 に、東京、大阪、札幌、那覇の 2019 年 11 月の平均気温を棒グラフで描画するサンプルプログラムを示します。

▶リスト 1-9　棒グラフのサンプルプログラム

```
import numpy as np
import matplotlib.pyplot as plt
%matplotlib inline

place=np.array(['Tokyo','Osaka','Sapporo','Naha'])
temperature=np.array([13.3, 14.4, 4.1, 23.2])

plt.bar(place, temperature)   ← x 軸の値、y 軸の値を指定
plt.ylim(0,30)
plt.show()
```

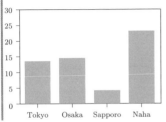

折れ線グラフの場合と同様に、NumPy モジュールと matplotlib モジュールをインポートします。NumPy モジュールの配列を使って、変数 place に場所（'Tokyo', 'Osaka', 'Sapporo', 'Naha'）、変数 temperature には実際の 2019 年の 11 月の東京、大阪、札幌、那覇の平均気温（表 1-3）を格納します。「plt.bar(place, temperature)」は、x 軸に place、y 軸に temperature の値を割り当てています。「plt.ylim(0,30)」は y 軸の表示範囲を 0 から 30 にするという意味です。「plt.show()」はこれらの設定したグラフを表示するという命令です。このように、

$$\text{plt.bar}(x \text{ 軸の値が格納された配列，} y \text{ 軸の値が格納された配列})$$

とすることで棒グラフが描け、配列を入れ替えることで、様々なグラフが描けます。

表 1-3　東京、大阪、札幌、那覇の 2019 年 11 月の平均気温

場所	東京	大阪	札幌	那覇
気温	13.3	14.4	4.1	23.2

1-2-9　コメント文

(1)# によるコメント文

「#」（シャープ）を先頭につけるとその行はコメント文として扱われ、実行されません。例えば、リスト 1-10 のように、「#」のついた行については無視されて、実行されていないことがわかります。「a=2」の次の「a=a+1」が実行されるのであれば、「a」は「3」となるはずですが、「a=a+1」の先頭に「#」がついているため、その行は実行されず、「a」は「2」と出力されています。

▶リスト 1-10　# によるコメント文

```
# 「#」のあとの 1 行は自由にコメントを書くことができます。実行の際には無視されます。
2+4
```

```
6    ← 2 + 4 の値のみが表示される
```

```
a=2
#a=a+1
a
```

```
2    ← a=a+1 がコメント文になっているため、a=3 ではなく a=2 が表示される
```

(2)''' によるコメント文

「'''」（シングルコーテーション「'」三つ）で囲まれた間もコメント文として扱われ、実行されません。例えば、リスト 1-11 のように「'''」から次の「'''」までが無視されて、実行されていないことがわかります。「a=2」の次に「a=a*3」、「a=a-2+3」、「a=a**2」と続いており、「a=a*3」により「a」に「6」が代入され、「a=a-2+3」によって「a」に「7」が代入され、さらに「a=a**2」によって 7 の 2 乗、つまり「a」に「49」が代入されているはずですが、この 3 式については、「'''」で囲まれているため、処理が無視され、結果として「a」は「2」と出力されています。

▶リスト 1-11　''' によるコメント文

```
''' シングルコーテーション三つ連続で囲まれた場所にコメントを書くことが
できます。改行をしても次のシングルコーテーション三つ連続が来るまでの部
分は、実行の際は無視されます。
'''
2+4
```
ここが無視される

```
6
```

```
a=2
'''
a=a*3
a=a-2+3      ここが無視される
a=a**2
'''
a
```

```
2
```

2章

線形代数のイメージ

本章では、線形代数とはどういう学問かのイメージを示していきます。ここでは、様々な活用例を示していくことで、次章以降の基礎となる考え方を学んでいくことにしましょう。

2-1　「線形代数」の意味

まず、線形代数の「線形」とはどういう意味があるのでしょうか。図 2-1 は、1 次式である $y = 2x + 1$、2 次式である $y = 2x^2 + 1$、3 次式である $y = 2x^3 + 1$ のグラフを示しています。

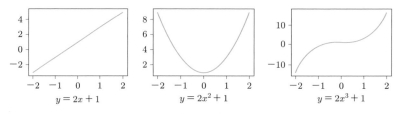

図2-1　1次式、2次式、3次式、…

$y = 2x + 1$ は直線、$y = 2x^2 + 1$, $y = 2x^3 + 1$ は曲線のグラフになっていることがわかります。この直線こそが線形の意味です。$y = 2x + 1$ のような式、つまり、1 次式で表される関係を線形といいます。

次に「代数」とはどういう意味があるのでしょうか。「代数学」の意味について、辞書を引くと、「数の代わりに文字を用い、計算の法則・方程式の解法などを主に研究する数学の一分野」[3] とあります。上記の式のとおり、数を x, y といった文字を用いて表した「式の性質について追究する学問」ということになります。以上より、線形代数は、1 次式がもつ性質を研究する学問[4] といわれています。

2-1-1　ベクトル、行列と線形代数

本書の目次を見ると「ベクトル」、「行列」という用語が散見されますが、これらがどのように 1 次式の性質と結びついていくのでしょうか。これについては、初学者にとっては、書籍 [5] が非常に参考になります。ここではその書籍 [5] の内容を参照しつ

つ、線形代数のエッセンスに迫っていきます。

　まず、簡単な1次式 $y = 2x$ の x を「旧データ」、y を「新データ」と考えます。例えば、$x = 3$ という「旧データ」を得られたとすると、この1次式によって「新データ」$y = 2 \times 3 = 6$ を得ることができます。この場合は、旧データ1個、新データ1個で非常に単純です。もう少し踏み込めば、$x = 3$ という「旧データ」が $y = 2x$ という「旧データと新データの関係、つながり、ルール」によって「新データ」$y = 6$ に変換されたと考えることもできます。

　次に、m 個の要素からなる旧データ、n 個の要素からなる新データからなるモデルを考えてみることにしましょう（図2-2）。この場合も $y = 2x$ と同様の形で、m 個の要素からなる旧データを得られた際、「旧データと新データの関係、つながり、ルール」に基づいて、n 個の要素からなる新データに変換されると考えることができます。線形代数とは、このような「旧データから新データへの変換を追究する学問」と考えることもできます。

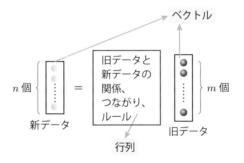

図2-2　線形代数とは

　線形代数では、「旧データ」と「新データ」をベクトルとして表現し、「旧データと新データの関係、つながり、ルール」を行列として表現します。以下では簡単のため、この「旧データと新データの関係、つながり、ルール」のことを「新・旧変換ルール」と呼ぶことにします（詳しくは5章で学びますが、このような変換のことを「線形変換」といいます）。

2-2　ベクトル、行列の簡単な例

　ベクトルと行列の表現としてわかりやすい例をここで挙げます。例えば、あなたがスーパーマーケットでりんご6個、みかん10個、柿3個を購入することを考えてみましょう。あなたは、合計金額はもちろんのこと、自転車で訪れたためその重さが気

になっています。

　図2-3に示すように、スーパーマーケットでりんご、みかん、柿の1個あたりの値段と重さの表を知ったとします。その表から、合計金額が $300 \times 6 + 100 \times 10 + 150 \times 3 = 3250$ 円、重さが $300 \times 6 + 20 \times 10 + 330 \times 3 = 2990$ g と導出することができるでしょう。この計算は、図2-3で示すように、

$$\begin{bmatrix} 3250 \\ 2990 \end{bmatrix} = \begin{bmatrix} 300 & 100 & 150 \\ 300 & 20 & 330 \end{bmatrix} \begin{bmatrix} 6 \\ 10 \\ 3 \end{bmatrix}$$

と表現できます。

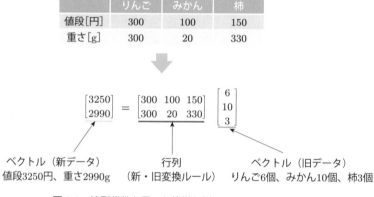

図2-3　線形代数を用いた簡単な例
[柴田正憲、貴田研司、情報科学のための線形代数、
p.21、コロナ社、2009[19] を参照]

　りんご6個、みかん10個、柿3個が「旧データ」、合計金額3250円と重さ2990gが「新データ」、りんご、みかん、柿の値段と重さの表が「新・旧変換ルール」と考えることができます。

　「旧データ」のりんご6個、みかん10個、柿3個を縦に並べて下記のように表現することができます。

$$\boldsymbol{x} = \begin{bmatrix} 6 \\ 10 \\ 3 \end{bmatrix} \tag{2-1}$$

　同様に、「新データ」の合計金額3250円と重さ2990gを縦に並べて下記のように表現することができます。

$$\boldsymbol{y} = \begin{bmatrix} 3250 \\ 2990 \end{bmatrix} \qquad (2\text{-}2)$$

$\boldsymbol{x}$, $\boldsymbol{y}$ のように表現されるのものをベクトル (vector) と呼びます。厳密な定義については 3 章で示すことにします。

また、「新・旧変換ルール」となる表は下記のように表現することができます。

$$A = \begin{bmatrix} 300 & 100 & 150 \\ 300 & 20 & 330 \end{bmatrix} \qquad (2\text{-}3)$$

A のように表現されるものを行列 (matrix) と呼びます。厳密な定義は 4 章で示すことにします。「旧データ」として表されるベクトル $\boldsymbol{x}$ からの、「新・旧変換ルール」である行列 A による新データ $\boldsymbol{y}$ の導出は、下記のように表すことができます。

$$\boldsymbol{y} = A\boldsymbol{x} \qquad (2\text{-}4)$$

本書では、上記の式 (2-4) が何度も出てくることに着目してください。線形代数は式 (2-4) の形の式がエッセンスとなります。この式の具体的な計算方法や性質について、本書の中で示していくことになります。

2-3　ベクトル、行列のいろいろな例

上記の例は単純過ぎるので、式 (2-4) を使った興味深い例をもう少し示していくことにしましょう。

(1) 暗号とその復号
暗号化する前の文を平文、暗号文を平文に戻すことを復号といいます（図 2-4）。

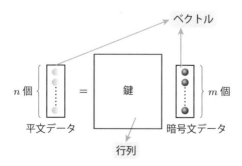

図 2-4　暗号文から平文へ

　ここで、文字をベクトルで表すことを考えてみましょう。簡単化のために、この世界に文字が「a」「b」「c」の三つしかなかったとしましょう。そのとき、各文字は三つの要素からなるベクトルで表現することができます。例えば、「a」は $\begin{bmatrix} 1 \\ 0 \\ 0 \end{bmatrix}$、「b」は $\begin{bmatrix} 0 \\ 1 \\ 0 \end{bmatrix}$、「c」は $\begin{bmatrix} 0 \\ 0 \\ 1 \end{bmatrix}$ と表すことができます。そう考えると、暗号文が「bca」となっていたとき、これを三つのベクトル $\begin{bmatrix} 0 \\ 1 \\ 0 \end{bmatrix}$, $\begin{bmatrix} 0 \\ 0 \\ 1 \end{bmatrix}$, $\begin{bmatrix} 1 \\ 0 \\ 0 \end{bmatrix}$ と表すことができます。これらのベクトルが「旧データ」となります。暗号文ですので「bca」は意味がわかりません。暗号文、つまり、「旧データ」であるベクトル群から「新・旧変換ルール」である行列 A を掛けることにより「新データ」であるベクトル群、つまり平文に戻すことができるというわけです。「新・旧変換ルール」である行列 A を暗号を解くための鍵として作る必要があります。この暗号は「a」を「b」に、「b」を「c」に、「c」を「a」に書き換えれば読めるとしましょう（このルールを使うと、平文は「cab」になるとすぐにわかりますが、ここではそのルールを行列で表してみます）。詳しい導出は省きますが、図2-5のように対応表を作ることができるため、行列 $A = \begin{bmatrix} 0 & 0 & 1 \\ 1 & 0 & 0 \\ 0 & 1 & 0 \end{bmatrix}$ と表すことができます。

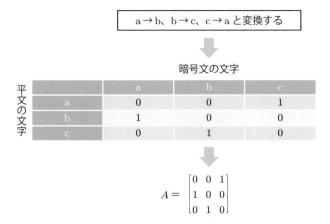

図 2-5　鍵となる行列 A

そうなれば、三つのベクトル $\begin{bmatrix} 0 \\ 1 \\ 0 \end{bmatrix}$, $\begin{bmatrix} 0 \\ 0 \\ 1 \end{bmatrix}$, $\begin{bmatrix} 1 \\ 0 \\ 0 \end{bmatrix}$ を順番に式 (2-4) にならって計算す

ると（この計算の詳細は 4 章で学びますので、ここではこういうものだと思ってください）、

$$\begin{bmatrix} 0 & 0 & 1 \\ 1 & 0 & 0 \\ 0 & 1 & 0 \end{bmatrix}\begin{bmatrix} 0 \\ 1 \\ 0 \end{bmatrix} = \begin{bmatrix} 0 \\ 0 \\ 1 \end{bmatrix}$$

$$\begin{bmatrix} 0 & 0 & 1 \\ 1 & 0 & 0 \\ 0 & 1 & 0 \end{bmatrix}\begin{bmatrix} 0 \\ 0 \\ 1 \end{bmatrix} = \begin{bmatrix} 1 \\ 0 \\ 0 \end{bmatrix}$$

$$\begin{bmatrix} 0 & 0 & 1 \\ 1 & 0 & 0 \\ 0 & 1 & 0 \end{bmatrix}\begin{bmatrix} 1 \\ 0 \\ 0 \end{bmatrix} = \begin{bmatrix} 0 \\ 1 \\ 0 \end{bmatrix}$$

となり、「新データ」であるベクトル群 $\begin{bmatrix} 0 \\ 0 \\ 1 \end{bmatrix}$, $\begin{bmatrix} 1 \\ 0 \\ 0 \end{bmatrix}$, $\begin{bmatrix} 0 \\ 1 \\ 0 \end{bmatrix}$ が導出できます。これにより平文は、確かに「cab」となり、英語でタクシーのことをいっているんだということがわかります。

　まとめると、このように、「旧データ」から「新・旧変換ルール」に基づいて「新データ」への変換を考えた場合、暗号文というのは「旧データ」、解読された平文は「新データ」と考えることができます。そうすると、「新・旧変換ルール」は、暗号文から平文に復号する鍵と考えることができます†。

(2) 画像データからの印象語抽出

　Kitagawa & Kiyoki[6], [7] による、画像データなどのメディアコンテンツ (Media) を対象としてそのコンテンツがもつ印象を言葉 (lexicon) として自動抽出する、Media-lexicon Transformation Operator という研究を紹介します。これも、線形代数のエッセンスを使った応用です。例えば、画像データからその画像データの印象を表す言葉を導出することができます。図 2-6 に示すように、まず、画像データから色データを取り出します。この色データを「旧データ」と考えます。また、印象を表す言葉のデータを「新データ」と考えます。「新・旧変換ルール」として、色の印象を深く研究してい

---

†　なお、これは秘密鍵暗号方式の例ですが、暗号方式としては大きく「秘密鍵暗号方式」と「公開鍵暗号方式」があります。これらがどう違うか調べてみましょう。

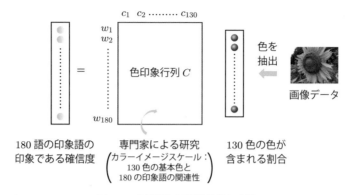

図 2-6　色情報から印象情報に変換

る専門家の研究、例えば 130 色の色とその印象語の関係を表すカラーイメージスケール[9] を用います。これによって、画像データからその画像データの色合いに基づく印象を導出することができます。

　この方法のポイントは、「新・旧変換ルール」にその道の専門家の研究や知識を使うという点です。そのことによって、同じルール（行列）さえ利用すれば、専門家が判断したことに近い結果を導出できると考えられます。

(3) 画像処理

　画像は点の集合で表現することができます。画像内の一つひとつの点の座標をベクトルで表現することができます。例えば、元画像内の座標（旧データ）から、x 軸方向を引き伸ばして新しい画像内の座標（新データ）に変換する際に、式 (2-4) を使うことができます（図 2-7）。

　この場合、x 軸方向を引き伸ばすためには、どのような行列を作ればよいかが問題となります。実は少し工夫が必要ですが、行列では図 2-8 に示すような平行移動 (translation)、拡大・縮小 (scaling)、回転 (rotation)、せん断 (skew)、鏡映 (reflection) といった画像処理を実現することが可能です。これについては、6 章 アフィン変換で詳しく述べることにします。

▶考えてみよう

　ここまでの例をふまえて、m 個の要素からなる旧データを得られた際、「新・旧変換ルール」に基づいて n 個の要素からなる新データに変換できるような、ベクトルと行列を使った例を考えてみましょう。

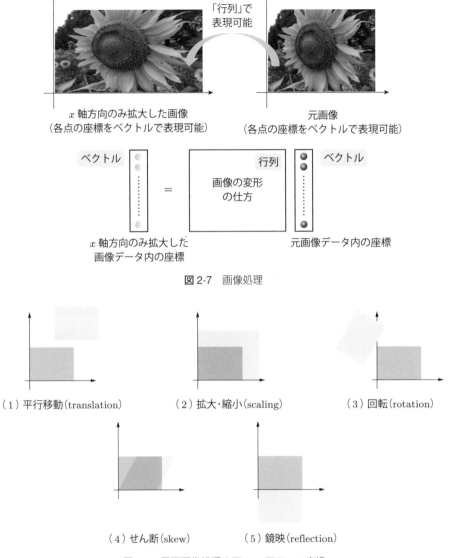

図 2-7　画像処理

（1）平行移動（translation）　　（2）拡大・縮小（scaling）　　（3）回転（rotation）

（4）せん断（skew）　　（5）鏡映（reflection）

図 2-8　平面画像処理の五つ―アフィン変換

3章

ベクトルの基本 ― ノルム、距離、内積

　本章では、2章で出てきたベクトルについて、その定義と性質を示していきます。データの集まりをベクトルとして表現すると、様々な演算が定義でき、コンピュータで計算をさせるときにも便利です。具体的には、3-1節ではベクトルそのものの性質、ベクトル同士の計算方法について、3-2節ではベクトルの分解と線形結合について、3-3節では線形独立・線形従属について、3-4節ではノルム、距離、内積について、3-5節では正規直交基底について、示していきます。

3-1　ベクトル

3-1-1　ベクトルの基本

　ベクトルとは、「方向」と「大きさ」をもつ量をいいます。例えば、風の状態はベクトルで表すことができます。風は「南から風速3m」で吹いているという表現を聞いたことがあるでしょう。「南から」というのが「方向」であり、「風速3m」というのが大きさということになります。

　ここで図3-1に示すように、矢印は「方向」と「大きさ」を表すのに適した図形の一つです。線形代数では、矢印によってベクトルを表し、矢印の向きを「方向」、矢印の長さを「大きさ」として扱うこととします。

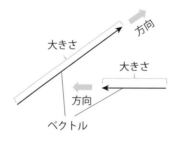

図3-1　矢印は「方向」と「大きさ」を表すベクトルだ

　図3-2では、向きも長さも同じ矢印が二つ並んでいます。ベクトルとして考えると、「方向」も「大きさ」も同じベクトル同士と考えることができます。この場合、この二つのベクトルは同じものであると考えることができます。ベクトルを扱うときは、「方向」と「大きさ」が重要であり、位置はどこにあってもかまわないのです。

図 3-2　二つの同じベクトル

3-1-2　ベクトルの座標上での表現

　上記のように、ベクトルは矢印によって表せますが、ただやみくもに矢印を描いてベクトルだというだけでは、数式で表すことが難しくなってしまいます。ここで、座標上でベクトルを表現することを考えます。例えば、図 3-3 (a) のように、平面上の $x = 5$, $y = 4$ となる座標 $(5, 4)$ に着目します。そのとき原点 $(0, 0)$ から座標 $(5, 4)$ に向かう矢印を描くことができます。これが、$\begin{bmatrix} 5 \\ 4 \end{bmatrix}$ というベクトルです。矢印の向きが「方向」、矢印の長さが「大きさ」です。ちなみに、この $\begin{bmatrix} 5 \\ 4 \end{bmatrix}$ というベクトルの大きさは、三平方の定理より $\sqrt{5^2 + 4^2} = \sqrt{25 + 16} = \sqrt{41}$ となります。

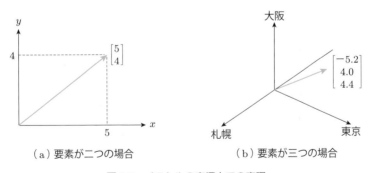

（a）要素が二つの場合　　　　　（b）要素が三つの場合

図 3-3　ベクトルの座標上での表現

　上記の例では、x 軸の値と y 軸の値の二つの要素で構成したベクトルでしたが、この要素はいくつあってもかまいません。いくつかの要素を（縦または横に）1 列に並べたものをベクトルと呼びます。例えば、式 (3-1) の $\boldsymbol{x}$ はベクトルになります。

$$x = \begin{bmatrix} 札幌の気温 \\ 東京の気温 \\ 大阪の気温 \end{bmatrix} = \begin{bmatrix} -5.2 \\ 4.0 \\ 4.4 \end{bmatrix} \tag{3-1}$$

同様に、式 (3-1) を札幌軸、東京軸、大阪軸からなる座標上に描くと、図 3-3 (b) のように矢印で表現することができます。

　ベクトルに対して、大きさのみで方向をもたない量をスカラーと呼びます。例えば、$-5.2, 4.0, 4.4$ の一つひとつの数はスカラーです。スカラーの厳密な定義は、「ベクトル空間においてベクトルを乗算することができる量」です。これについてはのちほど述べることにします。

　※ベクトルを表す x は、スカラーと区別するために太字で表すことに注意しましょう。

3-1-3　列ベクトル、行ベクトル

　要素を縦 1 列に並べたベクトルを列ベクトルと呼びます。例えば、式 (3-2) の x は列ベクトルです。

$$x = \begin{bmatrix} 札幌の気温 \\ 東京の気温 \\ 大阪の気温 \end{bmatrix} = \begin{bmatrix} -5.2 \\ 4.0 \\ 4.4 \end{bmatrix} \tag{3-2}$$

　要素を横 1 列に並べたベクトルを行ベクトルと呼びます。例えば、式 (3-3) の x は行ベクトルです。

$$x = [札幌の気温 \quad 東京の気温 \quad 大阪の気温] = [-5.2 \quad 4.0 \quad 4.4] \tag{3-3}$$

　工学系では列ベクトルで表現しますが、専門書などはスペースの関係上、転置 (T) を用いて、式 (3-4) のように表現することも多くあります。転置は、行と列の入れ替えを表します。

$$x = \begin{bmatrix} -5.2 \\ 4.0 \\ 4.4 \end{bmatrix} = [-5.2 \quad 4.0 \quad 4.4]^T \tag{3-4}$$

　ここで、ベクトル x は、要素が三つからなる列ベクトルです。これを「ベクトル x は 3 次の列ベクトルである」といいます。

3-1-4　ベクトルの成分

　ベクトルに並んでいるそれぞれの数のことを成分 (component) と呼びます。例えば、

式 (3-5) のベクトルについて考えてみましょう。

$$\boldsymbol{x} = \begin{bmatrix} -5.2 \\ 4.0 \\ 4.4 \end{bmatrix} \tag{3-5}$$

ベクトル $\boldsymbol{x}$ の i 番目の成分を第 i 成分と呼び、x_i と表記します。式 (3-5) のベクトル $\boldsymbol{x}$ については、$x_1 = -5.2, x_2 = 4.0, x_3 = 4.4$ と表記することができます。

ここで、ベクトル $\boldsymbol{x}$ とベクトル $\boldsymbol{y}$ が等しい ($\boldsymbol{x} = \boldsymbol{y}$) というのは、対応する成分の値同士が等しい ($x_1 = y_1, x_2 = y_2, \ldots, x_n = y_n$) ことを指します。例えば、ベクトル $\boldsymbol{x}$ の各成分が $x_1 = -5.2, x_2 = 4.0, x_3 = 4.4$ であるときに、ベクトル $\boldsymbol{y}$ がベクトル $\boldsymbol{x}$ と等しければ、ベクトル $\boldsymbol{y}$ の各成分は、$y_1 = -5.2, y_2 = 4.0, y_3 = 4.4$ となります。

3-1-5　ベクトルの基本演算

ベクトルの計算の代表的なものとして、ベクトルの和とスカラーとの積が定義されます。

積については、ベクトル同士の場合は内積、外積という概念がありますが、これらは特別な性質をもちますので、ここではスカラーとの積のみを扱うこととします。内積については、3-4 節で示すこととします。

(1) ベクトルの和・差

ベクトル $\boldsymbol{x}, \boldsymbol{y}$ の和については、式 (3-6) のように定義されます。

$$\boldsymbol{x} = \begin{bmatrix} x_1 \\ x_2 \\ \vdots \\ x_N \end{bmatrix}, \boldsymbol{y} = \begin{bmatrix} y_1 \\ y_2 \\ \vdots \\ y_N \end{bmatrix} \quad \text{に対し、} \quad \boldsymbol{x} + \boldsymbol{y} = \begin{bmatrix} x_1 + y_1 \\ x_2 + y_2 \\ \vdots \\ x_N + y_N \end{bmatrix} \tag{3-6}$$

つまり、成分同士を足し算すればよいことがわかります。これは引き算でも同様です。ベクトルの和がどのような意味をもつかを示すため、簡単な例を示します。

$$\boldsymbol{x} = \begin{bmatrix} 2 \\ 1 \end{bmatrix}, \quad \boldsymbol{y} = \begin{bmatrix} 1 \\ 3 \end{bmatrix}, \quad \boldsymbol{x} + \boldsymbol{y} = \begin{bmatrix} 2+1 \\ 1+3 \end{bmatrix} = \begin{bmatrix} 3 \\ 4 \end{bmatrix} \tag{3-7}$$

式 (3-7) を座標上で示すと、図 3-4 のようになります。これより、$\boldsymbol{x} + \boldsymbol{y}$ は、$\boldsymbol{y}$ の始点を $\boldsymbol{x}$ の終点に平行移動した矢印の終点に対応していることがわかります。つまり、$\boldsymbol{x}, \boldsymbol{y}$ を 2 辺とする平行四辺形の対角線に沿って矢印を描いたものが $\boldsymbol{x} + \boldsymbol{y}$ とな

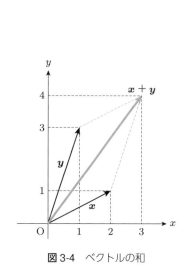

図 3-4　ベクトルの和

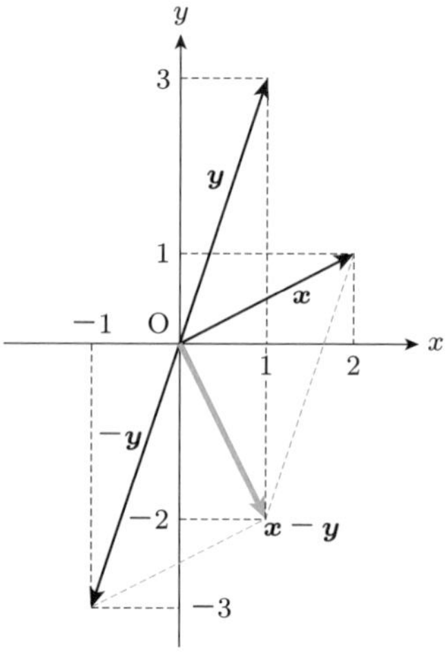

図 3-5　ベクトルの差

ります。

　ベクトルの差も考えてみましょう。

$$\boldsymbol{x} = \begin{bmatrix} 2 \\ 1 \end{bmatrix}, \quad \boldsymbol{y} = \begin{bmatrix} 1 \\ 3 \end{bmatrix}, \quad \boldsymbol{x} - \boldsymbol{y} = \begin{bmatrix} 2-1 \\ 1-3 \end{bmatrix} = \begin{bmatrix} 1 \\ -2 \end{bmatrix} \tag{3-8}$$

図 3-5 より、$\boldsymbol{x} - \boldsymbol{y}$ は、$-\boldsymbol{y}$（$\boldsymbol{y}$ のすべての成分を -1 倍したもの）の始点を $\boldsymbol{x}$ の終点に平行移動した矢印の終点に対応していることがわかります。

　ベクトルの和・差は、成分の数が同じもの同士しか演算できないことに注意する必要があります。また、ベクトルとスカラーの和・差は定義されません。

(2) スカラーとの積

　スカラー a とベクトル $\boldsymbol{x}$ の積については、式 (3-9) のように定義されます。

$$\boldsymbol{x} = \begin{bmatrix} x_1 \\ x_2 \\ \vdots \\ x_N \end{bmatrix}、\quad スカラー\ a\ に対し、\quad a\boldsymbol{x} = \begin{bmatrix} ax_1 \\ ax_2 \\ \vdots \\ ax_N \end{bmatrix} \tag{3-9}$$

つまり、各成分を a 倍すればよいことがわかります。スカラーとの積がどのような意味をもつかを示すため、簡単な例を示します。

$\boldsymbol{x} = \begin{bmatrix} 2 \\ 1 \end{bmatrix}$, $\boldsymbol{y} = \begin{bmatrix} 1 \\ 3 \end{bmatrix}$ に対し、

$$2\boldsymbol{x} = 2\begin{bmatrix} 2 \\ 1 \end{bmatrix} = \begin{bmatrix} 2 \times 2 \\ 2 \times 1 \end{bmatrix} = \begin{bmatrix} 4 \\ 2 \end{bmatrix}$$

$$-\boldsymbol{y} = -1\begin{bmatrix} 1 \\ 3 \end{bmatrix} = \begin{bmatrix} -1 \times 1 \\ -1 \times 3 \end{bmatrix} = \begin{bmatrix} -1 \\ -3 \end{bmatrix} \tag{3-10}$$

式 (3-10) を座標上で示すと図 3-6 のようになります。ベクトルの向きは、正のスカラーを掛けた場合は同じ方向に、負のスカラーを掛けた場合は反対方向になることがわかります。また、スカラー a を掛けた場合、ベクトルの大きさは $|a|$ 倍となります。

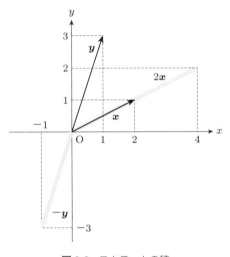

図3-6　スカラーとの積

(3) ベクトルの基本演算の性質

ベクトルの基本演算について、ベクトル $\boldsymbol{x}$, $\boldsymbol{y}$, $\boldsymbol{z}$ およびスカラー a, b に対して次が成り立ちます。

• $\boldsymbol{x} + \boldsymbol{y} = \boldsymbol{y} + \boldsymbol{x}$	(3-11)
• $(\boldsymbol{x} + \boldsymbol{y}) + \boldsymbol{z} = \boldsymbol{x} + (\boldsymbol{y} + \boldsymbol{z})$	(3-12)
• $(a + b)\boldsymbol{x} = a\boldsymbol{x} + b\boldsymbol{x}$	(3-13)
• $(ab)\boldsymbol{x} = a(b\boldsymbol{x}) = b(a\boldsymbol{x})$	(3-14)
• $a(\boldsymbol{x} + \boldsymbol{y}) = a\boldsymbol{x} + a\boldsymbol{y}$	(3-15)

▶Python で計算してみよう

ここまで学んだベクトルの基本演算について、Python のプログラミングで確かめ
てみましょう。具体的には下記を Python で計算しましょう。

- $x = \begin{bmatrix} 2 \\ 1 \end{bmatrix}, \quad y = \begin{bmatrix} 1 \\ 3 \end{bmatrix}$ 　　　　- $x + y$ 　　　　　　- $x - y$
- $2x$ 　　　　　　　　　- $-y$ 　　　　　　　- $2x - y$

まずは、ベクトル x, y を、1-2-4 項のNumPy モジュールの配列を用いて設定する
こととします。リスト 3-1 のように進めていきましょう。

▶リスト 3-1　列ベクトルの作り方

```
import numpy as np
x=np.array([2,1])      ← x = [2  1] の設定
x                      ← 試しに表示
```

```
array([2,1])
```

```
x=x.reshape(-1,1)      ← x を列ベクトルにする
x
```

```
array([[2],
       [1]])
```

```
y=np.array([1,3]).reshape(-1,1)   ← y = [1 3] の設定
y
```

```
array([[1],
       [3]])
```

「x=np.array([2,1])」のように NumPy モジュールの配列でベクトルを表現しよう
とすると、行ベクトルのようになってしまいます。ここでは「x=x.reshape(-1,1)」とす
ることにより、列ベクトルのような形式で設定することができます。reshape は配列の形
を変える関数で、行、列の数を指定することができます。x.reshape(-1,1) は行の数を
'-1'、列の数を '1' と指定していることになりますが、'-1' とはもう一方の指定に合わせて自
動的に設定するという意味になります。なお、「y=np.array([1,3]).reshape(-1,1)」
と書けば、1 行のコードで列ベクトルを設定することができます†。

次に、ベクトル x, y を使って計算していきます。リスト 3-2 のように進めていき
ましょう。

---
† 行ベクトルのままでも計算は可能ですが、前述のとおり、通常は列ベクトルで表現するので、以後本書で
は、ベクトルは列ベクトルとします。

▶リスト 3-2　ベクトルの基本演算

```
import numpy as np

x=np.array([2,1]).reshape(-1,1)     ← x = [2 1]ᵀ, y = [1 3]ᵀ の設定
y=np.array([1,3]).reshape(-1,1)
```

x+y　　　　　← x + y

```
array([[3],
       [4]])
```

x-y　　　　　← x − y

```
array([[1],
       [-2]])
```

2*x　　　　　← 2x

```
array([[4],
       [2]])
```

-y　　　　　← −y

```
array([[-1],
       [-3]])
```

2*x-y　　　　← 2x − y

```
array([[3],
       [-1]])
```

1-2-1 項で示した四則演算を思い出して入力すれば答えを導き出すことができます。「$2x$」は「2*x」と記述することに注意してください。

一歩深く ▶ ・・・・ ベクトル空間

● 空間

　一般的にものごとを比較するときには、そのものごとを入れておく「入れもの」と、その比較をする「計算方法」が重要になります。この「入れもの」のことを数学では空間(space) と呼びます。例えば、A さんと B さんの身長を比較したいというときには、A さんと B さんが暮らす「縦、横、高さ」からなる「空間」において「大きさ」の「計算方法」を導入すれば、計測することが可能となります。

● ベクトル空間

　ベクトルの和とスカラーとの積を導入したベクトル全体の集合のことを、ベクトル空間 (vector space) と呼びます。抽象的な概念ですが、ベクトルの和とスカラーとの積を導入したベクトル全体の「入れもの」と考えてください。

　厳密には、以下の定義となります。

　集合 V の任意の要素（ベクトル）x, y, z に対してその和 $x + y, x + z, y + z$ が集合 V の要素として定義され、任意のスカラー a, b と集合 V の任意の要素（ベクトル）x に対してスカラーとの積 ax, bx が集合 V の要素として定義されていて、下記の条件が満たされるとき、集合 V をベクトル空間と呼びます。

- $x + y = y + x$
- $(x + y) + z = x + (y + z)$
- 集合 V の任意の要素 x に対して、$x + y = 0$ を満たす集合 V の要素 y がただ一つ存在する
- 集合 V の任意の要素 x に対して、$x + 0 = x$ を満たす集合 V の要素 0 がただ一つ存在する
- $(a + b)x = ax + bx$
- $a(x + y) = ax + ay$
- $(ab)x = a(bx)$
- $1x = x$

ここで、$x + y = 0$ を満たす y は $-x$ と記し、これを逆ベクトルと呼びます。また、0 は零ベクトルと呼び、すべての成分が 0 のベクトルです。

　ベクトル空間の理解を深めるために、ベクトル空間ではない例を挙げてみましょう。例えば、$y = 3x - 1$ 上の点の集合はベクトル空間ではありません。もし、ベクトル空間であれば、$y = 3x - 1$ 上の点である $\begin{bmatrix} x_1 \\ y_1 \end{bmatrix}, \begin{bmatrix} x_2 \\ y_2 \end{bmatrix}$ について、ベクトルの和 $\begin{bmatrix} x_1 \\ y_1 \end{bmatrix} + \begin{bmatrix} x_2 \\ y_2 \end{bmatrix} = \begin{bmatrix} x_1 + x_2 \\ x_2 + y_2 \end{bmatrix}$、スカラーとの積 $a \begin{bmatrix} x_1 \\ y_1 \end{bmatrix} = \begin{bmatrix} ax_1 \\ ay_1 \end{bmatrix}$ が $y = 3x - 1$ 上の点であることが成立していないといけません。例えば、$\begin{bmatrix} 2 \\ 5 \end{bmatrix}$ と $\begin{bmatrix} 3 \\ 8 \end{bmatrix}$ は $y = 3x - 1$ 上の点ですが、ベクトルの和 $\begin{bmatrix} 2 \\ 5 \end{bmatrix} + \begin{bmatrix} 3 \\ 8 \end{bmatrix} = \begin{bmatrix} 5 \\ 13 \end{bmatrix}$ は $3 \times 5 - 1 = 14 \neq 13$ より、$y = 3x - 1$ 上の点ではありません。また、スカラーとの積 $2 \begin{bmatrix} 2 \\ 5 \end{bmatrix} = \begin{bmatrix} 4 \\ 10 \end{bmatrix}$ も $y = 3x - 1$ 上の点ではありません。

● 部分空間

ベクトル空間の一部を切り取って部分空間を定義することができます。

> ベクトル空間 V の部分集合 W が次の条件を満たすとき、W は部分空間 (subspace) であるといい、$W \subset V$ と表記します。
> (1) 部分集合 W の任意の要素 $\boldsymbol{x}$, $\boldsymbol{y}$ に対して、$\boldsymbol{x} + \boldsymbol{y}$ も部分集合 W の要素
> (2) 部分集合 W の任意の要素 $\boldsymbol{x}$ とスカラー a に対して、$a\boldsymbol{x}$ も部分集合 W の要素

3-2　ベクトルの分解と線形結合

3-2-1　単位ベクトル

ベクトル $\boldsymbol{x}$ と同じ方向の大きさ 1 のベクトルのことを、単位ベクトル $\boldsymbol{e}$ と呼びます（図 3-7 参照）。具体的に単位ベクトルは、式 (3-16) のように計算します。

$$e = \frac{1}{\|\boldsymbol{x}\|}\boldsymbol{x} \tag{3-16}$$

$$\|\boldsymbol{x}\| = \sqrt{|x_1|^2 + |x_2|^2 + \cdots + |x_N|^2}$$

$\|\boldsymbol{x}\|$ はベクトルの大きさ（ノルムという）を表し、詳しくは 3-4-1 項で説明します。また、ベクトルの大きさを 1 にすることを正規化すると呼びます。

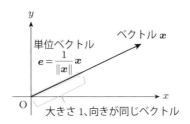

図 3-7　単位ベクトル

ここで、$\|\boldsymbol{x}\| = \sqrt{|x_1|^2 + |x_2|^2 + \cdots + |x_N|^2}$ の式について、$\sqrt{x_1{}^2 + x_2{}^2 + \cdots + x_N{}^2}$ でよいではないかと思われた方もいらっしゃるかもしれません。計算はもちろんそれで問題はないです。ここであえてこの書き方をしている理由として、ベクトルの大きさを表すノルムにはいろいろな種類があり、ここで示すのは L^2 ノルムというものに該当します。後述の式 (3-22) で示すような、一般的なベクトルの大きさを表すノルムの式から L^2 ノルムの式を導き出すと、上記の書き方が自然になるのです。

　ベクトルの正規化を Python のプログラミングで確かめてみましょう。例えば、ベクトル $x = \begin{bmatrix} 2 \\ 1 \end{bmatrix}$ を正規化し、単位ベクトル e にしてみましょう。具体的な Python のプログラムはリスト 3-3 に示します。$\|x\|$ は「np.linalg.norm(x)」で表現できることから、ベクトルの正規化は「e=x/np.linalg.norm(x)」で計算できます。結果、$e = \begin{bmatrix} 0.89442719 \\ 0.4472136 \end{bmatrix}$ という単位ベクトルができます。実際、この e が大きさ 1 であるかを確かめるために「np.linalg.norm(e)」をすると、0.9999999999999999 となり、ほぼ 1 になっていることがわかります。ぴったり合わない理由としては、コンピュータ内部では数は 2 進数で表現されており、10 進数の小数と厳密に同じ値を表現できないためです。気になる場合は、round を使って表示する桁を小さくして、丸めると（リスト 3-3 の場合は小数点以下 10 位で四捨五入）、1.0 と出力されます。

▶リスト 3-3　ベクトルの正規化

```
import numpy as np

x=np.array([2,1]).reshape(-1,1)

e = x / np.linalg.norm(x)       ← e = x/‖x‖
e
```

```
array([[0.89442719],
       [0.4472136]]))
```

```
np.linalg.norm(e)               ← ‖e‖
```

```
0.9999999999999999
```

```
round(np.linalg.norm(e), 10)    ← 小数点以下 10 位で四捨五入
```

```
1.0
```

3-2-2　ベクトルの分解と線形結合

　ベクトル $x = \begin{bmatrix} x_1 \\ y_1 \end{bmatrix}$ は、単位ベクトル $e_1 = \begin{bmatrix} 1 \\ 0 \end{bmatrix}$, $e_2 = \begin{bmatrix} 0 \\ 1 \end{bmatrix}$ を用いて表現することが可能です。e_1, e_2 は座標平面の x 軸、y 軸の正の向きと同じ向きの単位ベクトルで

あり、基本ベクトルと呼ばれます。例えば、ベクトル $\boldsymbol{x} = \begin{bmatrix} 2 \\ 3 \end{bmatrix}$ は、単位ベクトル $\boldsymbol{e}_1$,

$\boldsymbol{e}_2$ を用いて、次のように表現できます。

$$\boldsymbol{x} = \begin{bmatrix} 2 \\ 3 \end{bmatrix} = \begin{bmatrix} 2 \\ 0 \end{bmatrix} + \begin{bmatrix} 0 \\ 3 \end{bmatrix} = 2\boldsymbol{e}_1 + 3\boldsymbol{e}_2 \tag{3-17}$$

このように、あるベクトルを、別の平行ではないベクトルの定数倍との加え合わせで表現することをベクトルの分解と呼びます。図 3-8 に、式 (3-17) の分解について示しています。

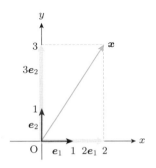

図 3-8 ベクトルの分解の例

また、式 (3-17) で表されるとき、ベクトル $\boldsymbol{x} = \begin{bmatrix} 2 \\ 3 \end{bmatrix}$ は、ベクトル $\boldsymbol{e}_1 = \begin{bmatrix} 1 \\ 0 \end{bmatrix}$, $\boldsymbol{e}_2 = \begin{bmatrix} 0 \\ 1 \end{bmatrix}$ の線形結合で表せるともいいます。

このような、平面上のベクトル（成分が 2 個のベクトル）の分解は、基本ベクトルだけでなく、任意の平行ではない二つの他のベクトルを使っても行うことができます。例えば、ベクトル $\boldsymbol{x} = \begin{bmatrix} 2 \\ 3 \end{bmatrix}$ をベクトル $\boldsymbol{u}_1 = \begin{bmatrix} 1 \\ 1 \end{bmatrix}$ とベクトル $\boldsymbol{u}_2 = \begin{bmatrix} -1 \\ 1 \end{bmatrix}$ の線形結合で表すことを考えてみましょう（図 3-9）。

$$\boldsymbol{x} = a_1\boldsymbol{u}_1 + a_2\boldsymbol{u}_2 \tag{3-18}$$

とおくと、

$$\begin{bmatrix} 2 \\ 3 \end{bmatrix} = a_1 \begin{bmatrix} 1 \\ 1 \end{bmatrix} + a_2 \begin{bmatrix} -1 \\ 1 \end{bmatrix} \quad より \quad \begin{bmatrix} 2 \\ 3 \end{bmatrix} = \begin{bmatrix} a_1 - a_2 \\ a_1 + a_2 \end{bmatrix}$$

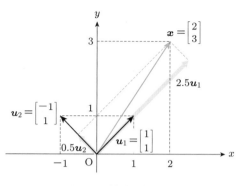

図3-9　線形結合の例

となります。つまり、$\begin{cases} a_1 - a_2 = 2 \\ a_1 + a_2 = 3 \end{cases}$ の連立方程式を解けば、a_1, a_2 が導出できます。

これを解くと、$a_1 = 2.5$, $a_2 = 0.5$ となります。つまり、ベクトル $\boldsymbol{x} = \begin{bmatrix} 2 \\ 3 \end{bmatrix}$ は、ベク

トル $\boldsymbol{u}_1 = \begin{bmatrix} 1 \\ 1 \end{bmatrix}$ とベクトル $\boldsymbol{u}_2 = \begin{bmatrix} -1 \\ 1 \end{bmatrix}$ を用いて、

$$\boldsymbol{x} = 2.5\boldsymbol{u}_1 + 0.5\boldsymbol{u}_2$$

と線形結合で表現することができます。

　同様に、3次元空間上のベクトル $\boldsymbol{x} = \begin{bmatrix} 2 \\ 3 \\ 1 \end{bmatrix}$ も、ベクトルの分解を行うことができま

す。ベクトル $\boldsymbol{u}_1 = \begin{bmatrix} 1 \\ 1 \\ 1 \end{bmatrix}$, $\boldsymbol{u}_2 = \begin{bmatrix} 1 \\ -1 \\ 1 \end{bmatrix}$, $\boldsymbol{u}_3 = \begin{bmatrix} 0 \\ 1 \\ -1 \end{bmatrix}$ を用いて線形結合で表すことを

考えてみましょう。3次元空間であるため、三つのベクトル、三つの成分が対応して
います。

$$\boldsymbol{x} = a_1\boldsymbol{u}_1 + a_2\boldsymbol{u}_2 + a_3\boldsymbol{u}_3$$

とおくと、

$$\begin{bmatrix} 2 \\ 3 \\ 1 \end{bmatrix} = a_1 \begin{bmatrix} 1 \\ 1 \\ 1 \end{bmatrix} + a_2 \begin{bmatrix} 1 \\ -1 \\ 1 \end{bmatrix} + a_3 \begin{bmatrix} 0 \\ 1 \\ -1 \end{bmatrix} \quad \text{より} \quad \begin{bmatrix} 2 \\ 3 \\ 1 \end{bmatrix} = \begin{bmatrix} a_1 + a_2 \\ a_1 - a_2 + a_3 \\ a_1 + a_2 - a_3 \end{bmatrix}$$

となります。つまり、$\begin{cases} a_1 + a_2 = 2 \\ a_1 - a_2 + a_3 = 3 \\ a_1 + a_2 - a_3 = 1 \end{cases}$ の連立方程式を解けば、a_1, a_2, a_3 が導出で

きます。これを解くと、$a_1 = 2, a_2 = 0, a_3 = 1$ となります。つまり、ベクトル $\boldsymbol{x} = \begin{bmatrix} 2 \\ 3 \\ 1 \end{bmatrix}$

は、ベクトル $\boldsymbol{u}_1 = \begin{bmatrix} 1 \\ 1 \\ 1 \end{bmatrix}, \boldsymbol{u}_2 = \begin{bmatrix} 1 \\ -1 \\ 1 \end{bmatrix}, \boldsymbol{u}_3 = \begin{bmatrix} 0 \\ 1 \\ -1 \end{bmatrix}$ を用いて、

$$\boldsymbol{x} = 2\boldsymbol{u}_1 + \boldsymbol{u}_3$$

と線形結合で表現することができます。

3-3 線形独立・線形従属

3-2-2 項で見たとおり、二つのベクトル $\boldsymbol{u}_1, \boldsymbol{u}_2$ が平行にならない限り、あるベクトル $\boldsymbol{x}$ を線形結合で表現することが可能です。この概念を厳密に定義したものが線形独立です。

N 個のスカラー $a_1, a_2 \ldots, a_N$、N 個のベクトル $\boldsymbol{u}_1, \boldsymbol{u}_2, \ldots, \boldsymbol{u}_N$ に対して、
$$a_1\boldsymbol{u}_1 + a_2\boldsymbol{u}_2 + \cdots + a_N\boldsymbol{u}_N \tag{3-19}$$
を線形結合 (linear combination)といいます。ここで、
$$a_1\boldsymbol{u}_1 + a_2\boldsymbol{u}_2 + \cdots + a_N\boldsymbol{u}_N = \boldsymbol{0} \tag{3-20}$$
となる必要十分条件が $a_1 = a_2 = \cdots = a_N = 0$ であるとき、$\boldsymbol{u}_1, \boldsymbol{u}_2, \ldots, \boldsymbol{u}_N$ は線形独立 (linearly independent) であるといい、そうでない場合は線形従属 (linearly dependent)であるといいます。

線形独立と線形従属の例を図 3-10 に示します。図 (a) の場合、$\boldsymbol{u}_1, \boldsymbol{u}_2, \boldsymbol{u}_3$ が同じ平面上にないため、$\boldsymbol{u}_3$ を $a_1\boldsymbol{u}_1 + a_2\boldsymbol{u}_2$ で表すことはできませんし、$\boldsymbol{u}_2, \boldsymbol{u}_1$ についても同様です。このような場合は $\boldsymbol{u}_1, \boldsymbol{u}_2, \boldsymbol{u}_3$ が線形独立であるといいます。それに対して、図 (b) の場合、$\boldsymbol{u}_3$ を $a_1\boldsymbol{u}_1 + a_2\boldsymbol{u}_2$ で表すことはできますし、$\boldsymbol{u}_2, \boldsymbol{u}_1$ についても同様です。このような場合は、$\boldsymbol{u}_1, \boldsymbol{u}_2, \boldsymbol{u}_3$ が線形従属であるといいます。

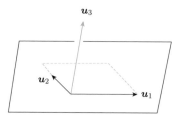
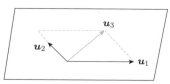

u_3 を $a_1u_1 + a_2u_2$ で表すことはできない
u_2 を $a_1u_1 + a_3u_3$ で表すことはできない
u_1 を $a_2u_2 + a_3u_3$ で表すことはできない

（a）線形独立

u_3 を $a_1u_1 + a_2u_2$ で表すことはできる
u_2 を $a_1u_1 + a_3u_3$ で表すことはできる
u_1 を $a_2u_2 + a_3u_3$ で表すことはできる

（b）線形従属

図3-10　線形独立・線形従属のイメージ

3-4　ノルム、距離、内積

3-1 節末の「一歩深く」では、一般的にものごとを比較するときには、そのものごとを入れておく「入れもの」とその比較をする「計算方法」が重要であり、「入れもの」のことを空間と呼ぶと説明しました。では、ものごとを比較するときの「計算方法」としてどのようなものがあるでしょうか。ベクトル同士で比較する場合は、「ノルム」、「距離」、「内積」の三つが挙げられます。

3-4-1　ノルム

$$x = \begin{bmatrix} x_1 \\ x_2 \\ \vdots \\ x_N \end{bmatrix}$$ のとき、このベクトルの大きさ（ノルム）は下記のように定義します。

$$\|x\| = \sqrt{|x_1|^2 + |x_2|^2 + \cdots + |x_N|^2} \tag{3-21}$$

例えば、$x = \begin{bmatrix} 4 \\ -3 \end{bmatrix}$ のノルムは、式 (3-21) より、

$$\|x\| = \sqrt{|4|^2 + |-3|^2} = \sqrt{25} = 5$$

と計算することができます。

リスト 3-4 のように、Python ではノルムは、NumPy の `linalg.norm`で求めることが可能です。例えば、ベクトル $\boldsymbol{x} = \begin{bmatrix} 4 \\ -3 \end{bmatrix}$ のノルムは、「`np.linalg.norm(x)`」で計算されます。その結果、5.0 と出力されています。

▶リスト 3-4　ノルムの求め方

```
import numpy as np

x=np.array([4,-3]).reshape(-1,1)    ← x = [4 -3] の設定
x
```

```
array([[ 4],
    [-3]])
```

```
np.linalg.norm(x)    ← ‖x‖
```

```
5.0
```

実は、式 (3-21) は L^2 ノルムと呼ばれるものです。これを下記のように一般化することで、L^1 ノルム、L^2 ノルム、L^∞ ノルムを定義することができます。

$$\|\boldsymbol{x}\|_p = \sqrt[p]{|x_1|^p + |x_2|^p + \cdots + |x_N|^p} \tag{3-22}$$

- $p=1$ のとき、L^1 ノルム→各成分の絶対値の和
- $p=2$ のとき、L^2 ノルム→いわゆるベクトルの大きさ
- $p=\infty$ のとき、L^∞ ノルム→ x_i $(1 \leq i \leq N)$ の中で一番絶対値が大きいものの一つ

リスト 3-5 のように、NumPy の `linalg.norm` で、上記の L^1 ノルム、L^2 ノルム、L^∞ ノルムを導出することもできます。L^1 ノルムは「`np.linalg.norm(x,1)`」、L^2 ノルムは「`np.linalg.norm(x,2)`」、L^∞ ノルムは「`np.linalg.norm(x,np.inf)`」で求めることができます。

▶リスト 3-5　L^1 ノルム、L^2 ノルム、L^∞ ノルムの求め方

```
import numpy as np
```

```
x=np.array([4,-3]).reshape(-1,1)
x
```
← $x = \begin{bmatrix} 4 \\ -3 \end{bmatrix}$ の設定

```
array([[ 4],
    [-3]])
```

L^1 ノルム

```
np.linalg.norm(x,1)
```
← $\|x\|_1$

```
7.0
```

L^2 ノルム

```
np.linalg.norm(x,2)
```
← $\|x\|_2$

```
5.0
```

L^∞ ノルム

```
np.linalg.norm(x,np.inf)
```
← $\|x\|_\infty$

```
4.0
```

3-4-2　距　離

$x = \begin{bmatrix} x_1 \\ x_2 \\ \vdots \\ x_N \end{bmatrix}, y = \begin{bmatrix} y_1 \\ y_2 \\ \vdots \\ y_N \end{bmatrix}$ のとき、これらのベクトルが表す 2 点間の距離は下記のよ

うに定義します。

$$d(x,y) = d(y,x) = \sqrt{|x_1 - y_1|^2 + |x_2 - y_2|^2 + \cdots + |x_N - y_N|^2} \qquad (3\text{-}23)$$

例えば、$x = \begin{bmatrix} 4 \\ -3 \end{bmatrix}, y = \begin{bmatrix} 2 \\ 4 \end{bmatrix}$ の距離は、式 (3-23) より、

$$d(x,y) = \sqrt{|4-2|^2 + |-3-4|^2} = \sqrt{|2|^2 + |-7|^2} = \sqrt{4+49} = \sqrt{53} = 7.28\cdots$$

と計算できます。

▶Python で計算してみよう

リスト 3-6 のように、距離は、NumPy の `linalg.norm(x-y)`、または SciPy の `distance.euclidean(x,y)` で求めることができます。例えば、$x = \begin{bmatrix} 4 \\ -3 \end{bmatrix}, y = \begin{bmatrix} 2 \\ 4 \end{bmatrix}$

について、ベクトル $\boldsymbol{x}, \boldsymbol{y}$ が表す 2 点間の距離は「np.linalg.norm(x-y)」、もしくは「from scipy.spatial import distance」とモジュールを呼び出した上で、「distance.euclidean(x,y)」とすると求めることができます。

▶リスト 3-6　距離の求め方

```
import numpy as np
x=np.array([4,-3]).reshape(-1,1)
y=np.array([2,4]).reshape(-1,1)
```
← $\boldsymbol{x} = \begin{bmatrix} 4 \\ -3 \end{bmatrix}, \boldsymbol{y} = \begin{bmatrix} 2 \\ 4 \end{bmatrix}$ の設定

```
np.linalg.norm(x-y)
```
← $d(\boldsymbol{x}, \boldsymbol{y})$ の求め方 1

```
7.280109889280518
```

```
from scipy.spatial import distance
distance.euclidean(x,y)
```
} $d(\boldsymbol{x}, \boldsymbol{y})$ の求め方 2

```
7.280109889280518
```

　実は、式 (3-23) はユークリッド距離と呼ばれるものです。これを下記のように一般化することで、マンハッタン距離、ユークリッド距離、チェビシェフ距離を定義することができます。

$$d_p(\boldsymbol{x}, \boldsymbol{y}) = d_p(\boldsymbol{y}, \boldsymbol{x}) = \sqrt[p]{|x_1 - y_1|^p + |x_2 - y_2|^p + \cdots + |x_N - y_N|^p}$$

- $p = 1$ のとき、マンハッタン距離
- $p = 2$ のとき、ユークリッド距離
- $p = \infty$ のとき、チェビシェフ距離

▶Python で計算してみよう

　リスト 3-7 のように、マンハッタン距離はSciPy のdistance.cityblock(x,y)、ユークリッド距離はSciPy のdistance.euclidean(x,y)、チェビシェフ距離はSciPy のdistance.chebyshev(x,y) で導出することができます。例えば、$\boldsymbol{x} = \begin{bmatrix} 4 \\ -3 \end{bmatrix}, \boldsymbol{y} = \begin{bmatrix} 2 \\ 4 \end{bmatrix}$ について、ベクトル $\boldsymbol{x}, \boldsymbol{y}$ が表す 2 点間のそれぞれの距離は、「from scipy.spatial import distance」とモジュールを呼び出した上で、「distance.cityblock(x,y)」、「distance.euclidean(x,y)」、「distance.chebyshev(x,y)」と記述すれば求めることができます。

▶リスト 3-7　マンハッタン距離、ユークリッド距離、チェビシェフ距離の求め方

```
import numpy as np
x=np.array([4,-3]).reshape(-1,1)
y=np.array([2,4]).reshape(-1,1)
```

マンハッタン距離

```
from scipy.spatial import distance
distance.cityblock(x,y)
```
$\Big\}d_1(\boldsymbol{x},\boldsymbol{y})$

```
9
```

ユークリッド距離

```
from scipy.spatial import distance
distance.euclidean(x,y)
```
$\Big\}d_2(\boldsymbol{x},\boldsymbol{y})$

```
7.280109889280518
```

チェビシェフ距離

```
from scipy.spatial import distance
distance.chebyshev(x,y)
```
$\Big\}d_\infty(\boldsymbol{x},\boldsymbol{y})$

```
7
```

3-4-3　内積・コサイン類似度

$\boldsymbol{x}=\begin{bmatrix}x_1\\x_2\\\vdots\\x_N\end{bmatrix}, \boldsymbol{y}=\begin{bmatrix}y_1\\y_2\\\vdots\\y_N\end{bmatrix}$ のとき、これらのベクトルの内積は下記のように定義します。

$$\boldsymbol{x}\cdot\boldsymbol{y}=x_1y_1+x_2y_2+\cdots+x_Ny_N \tag{3-24}$$

例えば、$\boldsymbol{x}=\begin{bmatrix}4\\-3\end{bmatrix}, \boldsymbol{y}=\begin{bmatrix}2\\4\end{bmatrix}$ の内積は、式 (3-24) より

$$\boldsymbol{x}\cdot\boldsymbol{y}=4\times 2+(-3)\times 4=-4$$

と計算できます。

▶Python で計算してみよう

　リスト 3-8 のように、Python では内積は、NumPy の関数dotを用いて計算することができます。ただし、リスト 3-8 では、「np.dot(x.T,y)」と書かれています。「.T」

は転置を表し、x を列ベクトルから行ベクトルに変換しています。つまり、dot の 1 番目の引数は行ベクトル、2 番目の引数は列ベクトルになるところに注意しましょう。また、ベクトルの内積はスカラーになりますが、「np.dot(x.T,y)」は要素が一つだけの配列が返ってくる仕様となっています。ここでは、スカラーとして取り出したいので、配列の 0 行 0 列の値をとるという意味の [0,0] をつけて、「np.dot(x.T,y)[0,0]」としています。

▶リスト 3-8　内積の求め方

```
import numpy as np
x=np.array([4,-3]).reshape(-1,1)
y=np.array([2,4]).reshape(-1,1)

np.dot(x.T,y)          ← 内積 $x \cdot y$

array([[-4]])          ← 配列が返ってくる

np.dot(x.T,y)[0,0]    ← スカラーとして取り出す

-4
```

内積は、

$$x \cdot y = \|x\| \|y\| \cos\theta \quad (0° \leqq \theta \leqq 180°) \tag{3-25}$$

という式でも求めることができます。θ は図 3-11 のように x と y の間の角で、「x と y のなす角」といいます。図 3-11 のとおり、x の大きさ $\|x\|$ とベクトル y の x 方向の大きさ $\|y\| \cos\theta$ の掛け算が内積です。

式 (3-25) を変形することにより、コサイン類似度と呼ばれる、二つのベクトルの類似度を測る尺度を作ることができます（記号は sim(,) で表します）。

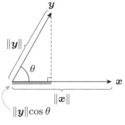

$$x \cdot y = \|x\| \|y\| \cos\theta$$

図 3-11　内積の式の意味

$$\mathrm{sim}(\boldsymbol{x}, \boldsymbol{y}) = \frac{\boldsymbol{x} \cdot \boldsymbol{y}}{\|\boldsymbol{x}\|\,\|\boldsymbol{y}\|} = \cos\theta \tag{3-26}$$

なぜベクトル $\boldsymbol{x}$ と $\boldsymbol{y}$ のなす角 θ のコサインが類似度を表せるのかは、コサインの値を思い出せばわかるでしょう（図 3-12）。

• $\sin\theta = \dfrac{\mathrm{BC}}{\mathrm{AC}}$ • $\cos\theta = \dfrac{\mathrm{AB}}{\mathrm{AC}}$ • $\tan\theta = \dfrac{\mathrm{BC}}{\mathrm{AB}}$

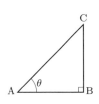

度数法[度：°]	0°	30°	45°	60°	90°	120°	135°	150°	180°
弧度法[ラジアン：rad]	0	$\dfrac{\pi}{6}$	$\dfrac{\pi}{4}$	$\dfrac{\pi}{3}$	$\dfrac{\pi}{2}$	$\dfrac{2}{3}\pi$	$\dfrac{3}{4}\pi$	$\dfrac{5}{6}\pi$	π
$\sin\theta$	0	$\dfrac{1}{2}$	$\dfrac{1}{\sqrt{2}}$	$\dfrac{\sqrt{3}}{2}$	1	$\dfrac{\sqrt{3}}{2}$	$\dfrac{1}{\sqrt{2}}$	$\dfrac{1}{2}$	0
$\cos\theta$	1	$\dfrac{\sqrt{3}}{2}$	$\dfrac{1}{\sqrt{2}}$	$\dfrac{1}{2}$	0	$-\dfrac{1}{2}$	$-\dfrac{1}{\sqrt{2}}$	$-\dfrac{\sqrt{3}}{2}$	-1
$\tan\theta$	0	$\dfrac{1}{\sqrt{3}}$	1	$\sqrt{3}$	なし	$-\sqrt{3}$	-1	$-\dfrac{1}{\sqrt{3}}$	0

図 3-12　三角関数の復習

図 3-13 のように、ベクトル $\boldsymbol{x}$ と $\boldsymbol{y}$ のなす角 θ が 0° のとき、コサインの値は 1 となります。つまり、重なり合っているときは、一番大きな値 1 になります。ベクトル $\boldsymbol{x}$ と $\boldsymbol{y}$ のなす角 θ が 45° のときコサインの値は $1/\sqrt{2} \fallingdotseq 0.707$、60° のときコサインの値は $1/2 = 0.5$、90° のときコサインの値は 0 となり、θ が大きくなればなるほど値が小さくなります。さらに、θ が 180° のときコサインの値は -1 となり、つまり、逆方向を向いているときは、一番小さな値 -1 となります。このように、コサインは、ベクトルのなす角に基づく類似度を求める尺度として使うことができます。

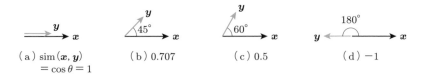

（a）$\mathrm{sim}(\boldsymbol{x}, \boldsymbol{y})$　　（b）0.707　　（c）0.5　　（d）-1
　　　 $= \cos\theta = 1$

図 3-13　コサイン類似度のイメージ

コサイン類似度を実際に定式化していきましょう。

$\boldsymbol{x} = \begin{bmatrix} x_1 \\ x_2 \\ \vdots \\ x_N \end{bmatrix}$, $\boldsymbol{y} = \begin{bmatrix} y_1 \\ y_2 \\ \vdots \\ y_N \end{bmatrix}$ のとき、これらのコサイン類似度は下記のように表されます。

$$\text{sim}(\boldsymbol{x}, \boldsymbol{y}) = \frac{\boldsymbol{x} \cdot \boldsymbol{y}}{\|\boldsymbol{x}\| \|\boldsymbol{y}\|} = \frac{x_1 y_1 + x_2 y_2 + \cdots + x_N y_N}{\sqrt{|x_1|^2 + |x_2|^2 + \cdots + |x_N|^2} \sqrt{|y_1|^2 + |y_2|^2 + \cdots + |y_N|^2}}$$
(3-27)

例えば、$\boldsymbol{x} = \begin{bmatrix} 4 \\ -3 \end{bmatrix}$, $\boldsymbol{y} = \begin{bmatrix} 2 \\ 4 \end{bmatrix}$ のコサイン類似度は、式 (3-27) より

$$\text{sim}(\boldsymbol{x}, \boldsymbol{y}) = \frac{\boldsymbol{x} \cdot \boldsymbol{y}}{\|\boldsymbol{x}\| \|\boldsymbol{y}\|} = \frac{4 \times 2 + (-3) \times 4}{\sqrt{|4|^2 + |-3|^2} \sqrt{|2|^2 + |4|^2}} = \frac{-4}{\sqrt{25}\sqrt{20}} = -0.178\cdots$$

と計算することができます。

▶Python で計算してみよう

リスト 3-9 に、コサイン類似度を関数 cos_similarity(x,y) として定義して求めるプログラムを示します。

関数 cos_similarity(x,y) は、式 (3-27) に従って、分子はベクトル $\boldsymbol{x}$ と $\boldsymbol{y}$ の内積、分母はベクトル $\boldsymbol{x}$ のノルムとベクトル $\boldsymbol{y}$ のノルムの積を戻り値として返す関数とすればよいでしょう。実際、$\boldsymbol{x} = \begin{bmatrix} 4 \\ -3 \end{bmatrix}$, $\boldsymbol{y} = \begin{bmatrix} 2 \\ 4 \end{bmatrix}$ のコサイン類似度は、「-0.17888543819998318」と導出されます。

▶リスト 3-9　コサイン類似度の求め方

```
import numpy as np
def cos_similarity(x,y):
    return np.dot(x.T,y)[0, 0] / (np.linalg.norm(x) * np.linalg.norm(y))
x=np.array([4,-3]).reshape(-1,1)
y=np.array([2,4]).reshape(-1,1)

cos_similarity(x,y)
```
関数定義

内積 $\boldsymbol{x} \cdot \boldsymbol{y}$ の結果が配列で返ってくるため、数値のみ抽出している（リスト 3-8 参照）

sim$(\boldsymbol{x}, \boldsymbol{y})$（関数呼び出し）

```
-0.17888543819998318
```

3-4-4　距離・コサイン類似度を使って色の関係を求める

ここまで示したことを応用して、距離やコサイン類似度を使って、色の近さを計算で求めてみましょう。色の近さを機械的に求めることができれば、色合いをもとにして類似した画像データを検索することも可能になります。

今回は、「オレンジ色は、赤色、黄色、青色のどの色と近いか」を判断してみることにします。色にはいろいろな表現方法がありますが、今回は一番単純な RGB を考え

ることとします。RGBとは、赤 (R)、緑 (G)、青 (B) の三原色を混ぜ合わせることで
様々な色を表現する方法で、ここではそれぞれ 0 から 255 までの値で表現されるとし
ます。つまり、一つの色は三つの要素 (R, G, B) からなるベクトルで表現できます。
オレンジ色はベクトル $\boldsymbol{o}$、赤色はベクトル $\boldsymbol{r}$、黄色はベクトル $\boldsymbol{y}$、青色はベクトル $\boldsymbol{b}$
とすると、次のようなベクトルを構成できます。

$$\boldsymbol{o} = \begin{bmatrix} 255 \\ 165 \\ 0 \end{bmatrix}, \quad \boldsymbol{r} = \begin{bmatrix} 255 \\ 0 \\ 0 \end{bmatrix}, \quad \boldsymbol{y} = \begin{bmatrix} 255 \\ 255 \\ 0 \end{bmatrix}, \quad \boldsymbol{b} = \begin{bmatrix} 0 \\ 0 \\ 255 \end{bmatrix} \tag{3-28}$$

(1) 距離を使った場合

　まずは、オレンジ色であるベクトル $\boldsymbol{o}$ と赤色であるベクトル $\boldsymbol{r}$、黄色であるベクト
ル $\boldsymbol{y}$、青色であるベクトル $\boldsymbol{b}$ の距離をそれぞれ求めることにより、オレンジ色とどの
色が近いかを判断することにしましょう。距離は値が小さいほどベクトルの類似度が
高く、値が大きいほどベクトルの類似度が低くなるので、距離の値が小さいほど、色
が近いということになります。
　実際に、式 (3-23) にあてはめて求めていきましょう。ベクトル $\boldsymbol{o}$ とベクトル $\boldsymbol{r}$ の
距離は、

$$d(\boldsymbol{o}, \boldsymbol{r}) = \sqrt{|255 - 255|^2 + |165 - 0|^2 + |0 - 0|^2} = \sqrt{165^2} = 165$$

ベクトル $\boldsymbol{o}$ とベクトル $\boldsymbol{y}$ の距離は、

$$d(\boldsymbol{o}, \boldsymbol{y}) = \sqrt{|255 - 255|^2 + |165 - 255|^2 + |0 - 0|^2} = \sqrt{90^2} = 90$$

ベクトル $\boldsymbol{o}$ とベクトル $\boldsymbol{b}$ の距離は、

$$d(\boldsymbol{o}, \boldsymbol{b}) = \sqrt{|255 - 0|^2 + |165 - 0|^2 + |0 - 255|^2} = \sqrt{255^2 + 165^2 + 255^2} \fallingdotseq 396.579$$

となります。よって、オレンジ色には黄色が一番似ていて、その次が赤色、一番遠い
色が青色と判断することができます。

▶ Python で計算してみよう

　オレンジ色と、赤色、黄色、青色の近さを距離で求めたプログラムをリスト 3-10 に
示します。上記の結果と同様になることを確かめてみましょう。

▶リスト 3-10　色の距離を測る

```
import numpy as np
from scipy.spatial import distance

# オレンジの色ベクトル
o=np.array([255, 165, 0]).reshape(-1,1)

# 赤の色ベクトル
r=np.array([255, 0, 0]).reshape(-1,1)

# 黄の色ベクトル
y=np.array([255, 255, 0]).reshape(-1,1)

# 青の色ベクトル
b=np.array([0, 0, 255]).reshape(-1,1)

# オレンジ同士（同じものなので距離は0なはず）

distance.euclidean(o,o)
```

```
0.0
```

```
# オレンジと赤
distance.euclidean(o,r)
```

```
165.0
```

```
# オレンジと黄色
distance.euclidean(o,y)
```

```
90.0
```

```
# オレンジと青色
distance.euclidean(o,b)
```

```
396.57912199206856
```

(2) コサイン類似度を使った場合

　次に、ベクトル o とベクトル r、ベクトル y、ベクトル b のコサイン類似度をそれぞれ求めることにより、オレンジ色とどの色が近いかを判断することにしましょう。コサイン類似度は値が小さいほどベクトルの類似度が低く、値が大きいほどベクトルの類似度が高くなるので、コサイン類似度の値が大きいほど、色が近いということになります。

実際に、式 (3-27) にあてはめて求めていきましょう。ベクトル o とベクトル r の
コサイン類似度は、

$$\mathrm{sim}(\boldsymbol{o}, \boldsymbol{r}) = \frac{255 \times 255 + 165 \times 0 + 0 \times 0}{\sqrt{|255|^2 + |165|^2 + |0|^2} \sqrt{|255|^2 + |0|^2 + |0|^2}} \fallingdotseq 0.8396 \cdots$$

ベクトル o とベクトル y のコサイン類似度は、

$$\mathrm{sim}(\boldsymbol{o}, \boldsymbol{y}) = \frac{255 \times 255 + 165 \times 255 + 0 \times 0}{\sqrt{|255|^2 + |165|^2 + |0|^2} \sqrt{|255|^2 + |255|^2 + |0|^2}} \fallingdotseq 0.9778 \cdots$$

ベクトル o とベクトル b のコサイン類似度は、

$$\mathrm{sim}(\boldsymbol{o}, \boldsymbol{b}) = \frac{255 \times 0 + 165 \times 0 + 0 \times 255}{\sqrt{|255|^2 + |165|^2 + |0|^2} \sqrt{|0|^2 + |0|^2 + |255|^2}} = 0$$

となります。よって、オレンジ色には黄色が一番似ていて、その次が赤色、青色はまっ
たく似ていないと判断することができます。

　今回の例で考えれば、画像データから色を特徴として抽出し、ベクトル化できれば、色
に着目した画像データ同士の似ている・似ていないを計算することができるでしょう。

▶Python で計算してみよう

　オレンジ色と、赤色、黄色、青色の近さをコサイン類似度で求めたプログラムをリ
スト 3-11 に示します。上記の結果と同様になることを確かめてみましょう。

▶リスト 3-11　色のコサイン類似度を測る

```python
import numpy as np

# オレンジの色ベクトル
o=np.array([255, 165, 0]).reshape(-1,1)

# 赤の色ベクトル
r=np.array([255, 0, 0]).reshape(-1,1)

# 黄の色ベクトル
y=np.array([255, 255, 0]).reshape(-1,1)

# 青の色ベクトル
b=np.array([0, 0, 255]).reshape(-1,1)

def cos_similarity(x,y):
    return np.dot(x.T, y)[0, 0] / (np.linalg.norm(x) * np.linalg.norm(y))
```

```
# オレンジ同士（同じものなので類似度は1なはず）
cos_similarity(o,o)
```

```
1.0
```

```
# オレンジと赤
cos_similarity(o,r)
```

```
0.8395701571521511
```

```
# オレンジと黄
cos_similarity(o,y)
```

```
0.9778024140774094
```

```
# オレンジと青
cos_similarity(o,b)
```

```
0.0
```

(3) 距離とコサイン類似度の使い分け

　以上のようにものごとの特徴をベクトルで表現し、距離、コサイン類似度などを計算することで、ものごとの近い・遠い、似ている・似ていないを判断することができます。

　コサイン類似度は、それぞれのベクトルの大きさに影響されないほうがよい場合にはよく使われます。例えばある文章をベクトル化するときに、Bag of Words という手法を用います。例として、以下の三つの文章があったとします。

　A:「私はラーメンと餃子が好きです。」

　B:「私は餃子が嫌いです。」

　C:「私はラーメンが好きです。」

　A に出てきた自立語（名詞、動詞、形容詞など）は「私」、「ラーメン」、「餃子」、「好き」です。B に出てきた自立語は、「私」、「餃子」、「嫌い」です。C に出てきた自立語は「私」、「ラーメン」、「好き」です。つまり、「私」、「ラーメン」、「餃子」、「好き」、「嫌い」という言葉が出現したかしていないかで、ベクトルの成分を決めることができます。Bag of Wordsという手法[8] で文章 A、B、C をベクトルとして表現したものを a, b, c とおくと、

$$a = \begin{bmatrix} 1 \\ 1 \\ 1 \\ 1 \\ 0 \end{bmatrix}, \quad b = \begin{bmatrix} 1 \\ 0 \\ 1 \\ 0 \\ 1 \end{bmatrix}, \quad c = \begin{bmatrix} 1 \\ 1 \\ 0 \\ 1 \\ 0 \end{bmatrix}$$

となります（成分を上から順に「私」、「ラーメン」、「餃子」、「好き」、「嫌い」に対応させ、その言葉が出現したら「1」、出現しなかったら「0」をあてはめています）。どの文章が近いか遠いかを測る場合、距離やコサイン類似度で測ることができます。

　ここでもう少し考えると、コサイン類似度の場合、それぞれのベクトルの大きさがまったく異なっても、角度だけを使っているため類似度を測ることが可能ですが、距離の場合は注意が必要です。この Bag of Words という方法でベクトルを作ると、長い文章になればなるほど、多くの成分が1となることに気づくでしょう。逆に短い文章になればなるほど、多くの成分が0となることに気づくでしょう。そうなれば短い文章と長い文章を比べるとき、それらの文章が同じような内容を表していたとしても、距離が大きくなってしまう可能性があります。

　このように、ベクトルの大きさに影響を受けてしまう手法を使う場合は、距離ではなくコサイン類似度のほうを利用します。しかし、どうしても距離で計算したい場合は、ベクトルの正規化をしてから距離を計算することもあります。

一歩深く ▶ ‥‥ **ノルム・距離・内積の公理**

　ここまで、一般的にものごとを比較するときには、そのものごとを入れておく「入れもの」とその比較する「計算方法」が重要であり、「入れもの」のことを空間と呼ぶと説明しました。そして、「計算方法」として「ノルム」、「距離」、「内積」を紹介してきました。「計算方法」について、それがどのような性質をもっていれば「ノルム」、「距離」、「内積」と呼んでもよいのか、それを表す「公理」（理論の出発点となる仮定）について確認していきましょう。

　ノルムの公理は次のように表されます。

> ベクトル空間の任意の要素 x に下記の性質を満たす $\|x\|$ を決めることができるとき、これをノルムと呼びます。
>
> - 任意の実数 a に対して $\|ax\| = |a| \|x\|$ （線形性）
> - $\|x\| \geqq 0$, （$\|x\| = 0 \Leftrightarrow x = 0$）（正値性）
> - $\|x + y\| \leqq \|x\| + \|y\|$ （三角不等式）

　距離の公理は次のように表されます。

　ベクトル空間の任意の要素 $\boldsymbol{x}$, $\boldsymbol{y}$ 間に下記の性質を満たす $d(\boldsymbol{x}, \boldsymbol{y})$ を決めることができるとき、これを距離と呼びます。
- $d(\boldsymbol{x}, \boldsymbol{y}) = d(\boldsymbol{y}, \boldsymbol{x})$（対称性）
- $d(\boldsymbol{x}, \boldsymbol{y}) \geqq 0$,　$(d(\boldsymbol{x}, \boldsymbol{y}) = 0 \Leftrightarrow \boldsymbol{x} = \boldsymbol{y})$（正値性）
- $d(\boldsymbol{x}, \boldsymbol{y}) \leqq d(\boldsymbol{x}, \boldsymbol{z}) + d(\boldsymbol{z}, \boldsymbol{y})$（三角不等式）

内積の公理は次のように表されます。

　ベクトル空間の任意の要素 $\boldsymbol{x}$, $\boldsymbol{y}$ 間に下記の性質を満たす $\boldsymbol{x} \cdot \boldsymbol{y}$ を決めることができるとき、これを内積と呼びます。
- 任意の実数 a, b に対して $(a\boldsymbol{x} + b\boldsymbol{y}) \cdot \boldsymbol{z} = a(\boldsymbol{x} \cdot \boldsymbol{z}) + b(\boldsymbol{y} \cdot \boldsymbol{z})$（線形性）
- $\boldsymbol{x} \cdot \boldsymbol{y} = \boldsymbol{y} \cdot \boldsymbol{x}$（対称性）
- $\boldsymbol{x} \cdot \boldsymbol{x} \geqq 0$,　$(\boldsymbol{x} \cdot \boldsymbol{x} = 0 \Leftrightarrow \boldsymbol{x} = \boldsymbol{0})$（正値性）

3-5　正規直交基底

　3-2 節では、ベクトルを分解し線形結合で表現することを示しました。式 (3-19) のように線形結合で表現される $\boldsymbol{u}_1, \boldsymbol{u}_2, \ldots, \boldsymbol{u}_N$ をうまく設定することにより、様々なメリットが見出せます。その一つが正規直交基底と呼ばれるものです。本節では、正規直交基底とそのメリットについて見ていきましょう。

3-5-1　基　底
　ベクトル空間の線形独立なベクトルをすべて集めてきたものを、基底と呼びます。

　ベクトル空間 V の要素 $\boldsymbol{u}_1, \boldsymbol{u}_2, \ldots, \boldsymbol{u}_N$ が線形独立であり、V の任意の要素がこれらのベクトルの線形結合で表現できるとき、集合 $\{\boldsymbol{u}_1, \boldsymbol{u}_2, \ldots, \boldsymbol{u}_N\}$ のことを V の基底 (basis) と呼びます。また、N を V の次元 (dimention) と呼び、$\dim V$ と表します。
- $\dim V = N$
- $\boldsymbol{u}_i$ を基底ベクトルと呼びます。

3-5-2　直　交
　ベクトル $\boldsymbol{x}$, $\boldsymbol{y}$ が内積 $\boldsymbol{x} \cdot \boldsymbol{y} = 0$ を満たすとき、ベクトル $\boldsymbol{x}$, $\boldsymbol{y}$ は直交する (orthogonal) といいます。$\boldsymbol{x} \cdot \boldsymbol{y} = 0$ ということは、式 (3-25) より、$\cos\theta = 0$ であるため、ベクト

ル x, y のなす角 θ が $90°$ であることを意味します。

3-5-3　正規直交基底

ベクトル空間の基底ベクトルが互いに直交し、すべての基底ベクトルのノルムが1のとき、この基底を正規直交基底と呼びます。

> ベクトル空間 V の基底をなす $u_1, u_2, \ldots, u_N$ のどの二つも互いに直交し、かつ $u_1, u_2, \ldots, u_N$ それぞれのノルムが1に等しいとき、この基底は正規直交基底 (orthonormal basis)であるといいます。

では、ここで、正規直交基底を設定するとどんなメリットがあるのかを示していきましょう。

二つのベクトル $x = \begin{bmatrix} x_1 \\ x_2 \\ x_3 \end{bmatrix}$, $y = \begin{bmatrix} y_1 \\ y_2 \\ y_3 \end{bmatrix}$ は、基底が $\{u_1, u_2, u_3\}$ であれば、

$$x = x_1 u_1 + x_2 u_2 + x_3 u_3 \tag{3-29}$$

$$y = y_1 u_1 + y_2 u_2 + y_3 u_3 \tag{3-30}$$

と表すことができます。

ベクトル x, y の内積を求めると、次のようになります。

$$
\begin{aligned}
x \cdot y &= (x_1 u_1 + x_2 u_2 + x_3 u_3) \cdot (y_1 u_1 + y_2 u_2 + y_3 u_3) \\
&= x_1 y_1 u_1 \cdot u_1 + x_2 y_1 u_2 \cdot u_1 + x_3 y_1 u_3 \cdot u_1 + x_1 y_2 u_1 \cdot u_2 + x_2 y_2 u_2 \cdot u_2 \\
&\quad + x_3 y_2 u_3 \cdot u_2 + x_1 y_3 u_1 \cdot u_3 + x_2 y_3 u_2 \cdot u_3 + x_3 y_3 u_3 \cdot u_3
\end{aligned}
\tag{3-31}
$$

もし、基底 $\{u_1, u_2, u_3\}$ が正規直交基底であるとすると、

$$u_1 \cdot u_1 = u_2 \cdot u_2 = u_3 \cdot u_3 = 1 \quad （ノルムが1であることから） \tag{3-32}$$

$$u_1 \cdot u_2 = u_2 \cdot u_3 = u_1 \cdot u_3 = 0 \quad （互いに直交（内積が0）であることから）\tag{3-33}$$

が成り立つため、式 (3-31) は次のようにすっきり表現することができます。

$$x \cdot y = x_1 y_1 + x_2 y_2 + x_3 y_3 \tag{3-34}$$

このことから、正規直交基底では、内積やベクトルの大きさの計算が標準基底（基本ベクトルからなる基底）の場合と同じようにできるとわかり、これがメリットなのです。

では、一般の基底 $\{\boldsymbol{a}_1, \boldsymbol{a}_2, \ldots, \boldsymbol{a}_k, \ldots, \boldsymbol{a}_N\}$ から、正規直交基底 $\{\boldsymbol{u}_1, \boldsymbol{u}_2, \ldots,$ $\boldsymbol{u}_k, \ldots, \boldsymbol{u}_N\}$ を作り出す方法はあるでしょうか。それは、次のとおりにして実現されます。

- $k=1$ のとき

  $\boldsymbol{u}_1 = \dfrac{1}{\|\boldsymbol{a}_1\|}\boldsymbol{a}_1$ を計算すれば、$\|\boldsymbol{u}_1\|=1$ となります。

- $2 \leq k \leq N$ のとき

$$\boldsymbol{b}_k = \boldsymbol{a}_k - \sum_{j=1}^{k-1}(\boldsymbol{u}_j \cdot \boldsymbol{a}_k)\boldsymbol{u}_j, \quad \boldsymbol{u}_k = \frac{1}{\|\boldsymbol{b}_k\|}\boldsymbol{b}_k$$

を計算することで、正規直交基底のうちの $\{\boldsymbol{u}_2, \ldots, \boldsymbol{u}_k, \ldots, \boldsymbol{u}_N\}$ を作り出します。

このように一般の基底から正規直交基底を作り出す手法は、グラム–シュミットの直交化 (Gram-Schmidt orthogonalization) と呼ばれています。

▶Python で計算してみよう

(1) グラム–シュミットの直交化

リスト 3-12 は、一般の基底 $\left\{ \boldsymbol{a}_1 = \begin{bmatrix} 1 \\ -1 \\ 1 \end{bmatrix}, \boldsymbol{a}_2 = \begin{bmatrix} 0 \\ 2 \\ 1 \end{bmatrix}, \boldsymbol{a}_3 = \begin{bmatrix} 2 \\ 1 \\ 1 \end{bmatrix} \right\}$ から正規直交基

底を、グラム–シュミットの直交化を用いて作り出す Python のプログラミングです。

▶リスト 3-12　グラム–シュミットの直交化

```
import numpy as np
a1=np.array([1,-1,1]).reshape(-1,1)
a2=np.array([0,2,1]).reshape(-1,1)
a3=np.array([2,1,1]).reshape(-1,1)
```
配列 a1, a2, a3 を列として結合し、行列 A とする
```
A=np.concatenate((a1, np.concatenate((a2, a3), axis=1)), axis=1)

A = np.array(A, dtype=np.float64)
```
← A を int 型から float 型に変換
```
N = A.shape[1]
```
← N を求める。A.shape で行列 A の行、列それぞれのサイズを出力する。列のサイズのため A.shape[1] とする。
```
u = A[:,0].reshape(-1,1)/np.linalg.norm(A[:,0])
```
← u_1 の導出
```
for k in range(1, N):
  b = A[:,k].reshape(-1,1)
  for j in range(k):
    b = b - np.dot(u[:,j].reshape(-1,1).T, A[:,k].reshape(-1,1))
    * u[:,j].reshape(-1,1)
  ui = b / np.linalg.norm(b)
```
u_2, u_3 の導出

```
   u = np.append(u, ui, axis=1)
u
```

```
array([[ 0.57735027, 0.15430335, 0.80178373],
    [-0.57735027, 0.77151675,  0.26726124],
    [ 0.57735027, 0.6172134, -0.53452248]])
```

後々のプログラムの記述のしやすさのため、a_1, a_2, a_3 を列方向で結合することにより配列 A を作りますが、それは「A = np.concatenate((a1, np.concatenate((a2, a3), axis=1)), axis=1)」となります。これにより A は、

```
array([[ 1, 0, 2],
       [-1, 2, 1],
       [ 1, 1, 1]])
```

となります。このように数値を横方向（列方向）、縦方向（行方向）に並べたものを行列 (matrix) を呼びます。行列は 4 章で詳しく解説します。

このプログラムで「A = np.array(A, dtype=np.float64)」があります。これは、int 型（整数型）になっている配列 A を float 型（浮動小数点型）に直すために記述しています。整数型だと、小数点以下の計算ができなくなってしまうため、型変換を行っているのです。この表記をしたくない場合、a_1, a_2, a_3 を次のような表記にしておくとよいでしょう。

```
a1=np.array([1.,-1.,1.]).reshape(-1,1)
a2=np.array([0.,2.,1.]).reshape(-1,1)
a3=np.array([2.,1.,1.]).reshape(-1,1)
```

このように表記することにより、Python では自動的に浮動小数点型と認識してくれます。なお、本書では、Python のプログラム上で「2」のことを「2.」と記述している場合がありますが、それは、整数の値だが型は浮動小数点型だということを明示するためです。

それでは、基底の導出部分を見ていきましょう。まず、$u_1 = \dfrac{1}{\|a_1\|}a_1$ を計算しているのが、「u = A[:,0].reshape(-1,1)/np.linalg.norm(A[:,0])」の部分です。「A[:,0]」は A の 1 列目を取り出してくるという意味ですが、取り出してくる際にNumPy の配列の仕様から行ベクトルになってしまうため、「.reshape(-1,1)」で列ベクトルとしています。$\|a_1\|$ を求める場合は行ベクトルでも列ベクトルでも値は同じであるため、「.reshape(-1,1)」はつける必要はなく、「np.linalg.norm(A[:,0])」で値が導出されます。

次に、$\boldsymbol{u}_k = \frac{1}{\|\boldsymbol{b}_k\|}\boldsymbol{b}_k$（ただし、$\boldsymbol{b}_k = \boldsymbol{a}_k - \sum_{j=1}^{k-1}(\boldsymbol{u}_j \cdot \boldsymbol{a}_k)\boldsymbol{u}_j$）を求める部分は、for 文で繰り返すことによって実現することとします。$\boldsymbol{b}_k = \boldsymbol{a}_k - \sum_{j=1}^{k-1}(\boldsymbol{u}_j \cdot \boldsymbol{a}_k)\boldsymbol{u}_j$ は、j を 1 から $k-1$ に変えて $(\boldsymbol{u}_j \cdot \boldsymbol{a}_k)\boldsymbol{u}_j$ を計算した上で、$\boldsymbol{a}_k$ から引いていけば求められます。実際、「b = b - np.dot(u[:,j].reshape(-1,1).T, A[:,k].reshape(-1,1)) * u[:,j].reshape(-1,1)」と書くことができます。先と同様、「u[:,j]」ではuのj列目を抽出してきますが、そのとき行ベクトルとなってしまうため、「.reshape(-1,1)」で列ベクトルとしています。さらに、$\boldsymbol{u}_k = \frac{1}{\|\boldsymbol{b}_k\|}\boldsymbol{b}_k$ は、「ui = b / np.linalg.norm(b)」で計算することができます。次の「u = np.append(u, ui, axis=1)」は、元々存在する変数uに変数uiを列方向で付け加えるという意味です。これにより、リストの最後のような結果が出力されます。これは、正規直交基底

$$\boldsymbol{u}_1 = \begin{bmatrix} 0.5773502 \\ -0.5773502 \\ 0.5773502 \end{bmatrix}, \quad \boldsymbol{u}_2 = \begin{bmatrix} 0.15430335 \\ 0.77151675 \\ 0.6172134 \end{bmatrix}, \quad \boldsymbol{u}_3 = \begin{bmatrix} 0.80178373 \\ 0.26726124 \\ -0.53452248 \end{bmatrix}$$

が導出されたことを意味します。

(2) 関数を使った求め方

実は、上のように計算しなくても正規直交基底を求められる簡単な関数がNumPyに用意されています。それを用いた Python のプログラムをリスト 3-13 に示します。

▶リスト 3-13　正規直交基底を簡単に求める

```
import numpy as np
a1=np.array([1,-1,1]).reshape(-1,1)
a2=np.array([0,2,1]).reshape(-1,1)
a3=np.array([2,1,1]).reshape(-1,1)   配列 a1, a2, a3 を列として結合し、行列 A とする

A=np.concatenate((a1, np.concatenate((a2, a3), axis=1)), axis=1)

q, r = np.linalg.qr(A)   ← 行列 A の各列から正規直交基底を作る
q
```

```
array([[-0.57735027, -0.15430335, -0.80178373],
       [ 0.57735027, -0.77151675, -0.26726124],
       [-0.57735027, -0.6172134,   0.53452248]])
```

先ほどと同様に $\boldsymbol{a}_1, \boldsymbol{a}_2, \boldsymbol{a}_3$ を列方向で結合することにより配列 A を作り出しているのが、「A = np.concatenate((a1, np.concatenate((a2, a3), axis=1)), axis=1)」

となります。

「q, r = np.linalg.qr(A)」を行うことによって、変数 q に正規直交基底が次のとおり格納されます。

```
array([[-0.57735027, -0.15430335, -0.80178373],
       [ 0.57735027, -0.77151675, -0.26726124],
       [-0.57735027, -0.6172134 ,  0.53452248]])
```

先ほどの結果と正負が逆になっていますが、−1 倍すれば同じベクトルになるので、同様の結果と判断することができるでしょう。

ちなみに、「q, r = np.linalg.qr(A)」は何をする関数かをもう少し詳しく述べると、r には対角成分より下がすべて 0 となる上三角行列が格納されています。「正規直交基底から構成される行列 Q と上三角行列 R で行列 A を分解する操作」ということで、QR 分解と呼ばれたりします。この辺りの話は行列の演算や固有値、固有ベクトルの話が出てきたときに思い出して、もう一度確認してください。

(3) 正規直交基底になっているかの確認

最後に、上で出てきた正規直交基底が本当に大きさ 1 でそれぞれ直交するか、確認してみましょう。その確認した Python のプログラムをリスト 3-14 に示します。

▶リスト 3-14　正規直交基底が大きさは 1 か、直交するかを検証する

```
q, r = np.linalg.qr(A)
q
```

```
array([[-0.57735027, -0.15430335, -0.80178373],
       [ 0.57735027, -0.77151675, -0.26726124],
       [-0.57735027, -0.6172134 ,  0.53452248]])
```

```
np.linalg.norm(q[:,0])   ←1列目の大きさ
```

```
1.0
```

```
np.linalg.norm(q[:,1])   ←2列目の大きさ
```

```
1.0000000000000002
```

```
np.linalg.norm(q[:,2])   ←3列目の大きさ
```

```
1.0
```

```
np.dot(q[:,0],q[:,1])   ←1列目と2列目の内積
```

```
-1.1102230246251565e-16
```

```
np.dot(q[:,0],q[:,2])
```
　　←1列目と3列目の内積

```
-5.551115123125783e-17
```

```
np.dot(q[:,1],q[:,2])
```
　　←2列目と3列目の内積

```
1.6653345369377348e-16
```

　まずは、大きさが1かを見てみましょう。各列の大きさ「np.linalg.norm(q[:,0])」、「np.linalg.norm(q[:,1])」、「np.linalg.norm(q[:,2])」を見ると、いずれもほぼ 1 になっていることがわかります。また、それぞれのベクトルが直交するかについて、内積が 0 であれば直交していることになります。それぞれ内積を求めると、「np.dot(q[:,0],q[:,1])」は -1.1102230246251565e-16、「np.dot(q[:,0],q[:,2])」は -5.551115123125783e-17、「np.dot(q[:,1],q[:,2])」は 1.6653345369377348e-16と導出されます。ここで、「e-16」、「e-17」は、10^{-16}、10^{-17}を指すため、十分に 0 に近いと考えることができます。よって、これらのベクトルは直交していることがわかります。

4章

行列の基本 ─ 連立1次方程式を解くために

　2章で見たように、数を縦と横に並べたものを行列といいます。本章では、行列の基本や性質について述べていきます。行列は連立方程式を解くことや、画像変換に利用することができます。行列を用いると、大量のデータを簡潔に表現することができ、そのようなデータを対象としたプログラミングにおいても重要な役割を発揮します。また、行列の意義は連立1次方程式を解くことにあるといっても過言ではありません。そのため、本章ではまず、4-1節で、連立1次方程式の行列やベクトルでの表現方法について示します。4-2節では、特別な行列の形である、単位行列や逆行列について解説します。4-3節では、逆行列の存在を確認するために必要となる行列式とその性質について示します。4-4節では、機械的な連立1次方程式の解き方としてガウスの消去法を紹介します。4-5節では、行列の基本演算について示します。

4-1　連立1次方程式を行列で表現

4-1-1　連立1次方程式と行列

早速ですが、下記の連立1次方程式を解いてみてください。

$$\begin{cases} 2x - 3y + 4z = 2 \\ x - y + z = 1 \\ x + 2y - 7z = -5 \end{cases}$$

読者のみなさんは、この連立1次方程式を次のような方法で解いたと思います。

$$2x - 3y + 4z = 2 \quad \cdots ①$$
$$x - y + z = 1 \quad \cdots ②$$
$$x + 2y - 7z = -5 \quad \cdots ③$$

この問題は3式、3未知数の連立1次方程式であり、足し算や引き算によりなるべく未知数の数を減らして、順に未知数を求めていくことを考えます。今回はx, yを消去してzから順に求めていくことを考えます。

　xを消去するため、式①－式②×2を行います。

$$2x - 3y + 4z = 2$$
$$\underline{2x - 2y + 2z = 2}$$
$$-y + 2z = 0 \quad \cdots ④$$

x を消去するため、式① − 式③ × 2 を行います。

$$2x - 3y + \ 4z = 2$$
$$\underline{2x + 4y - 14z = -10}$$
$$-7y + 18z = 12 \quad \cdots ⑤$$

y を消去するため、式④ × 7 − 式⑤ を行います。

$$-7y + 14z = 0$$
$$\underline{-7y + 18z = 12}$$
$$-4z = -12$$
$$z = 3$$

式④に $z = 3$ を代入すると、

$$-y + 2 \times 3 = 0 \quad より \quad y = 6$$

式②に $y = 6, z = 3$ を代入すると,

$$x - 6 + 3 = 1 \quad より \quad x = 4$$

となります。つまり、答えは $\begin{cases} x = 4 \\ y = 6 \\ z = 3 \end{cases}$ となります。

　このような連立 1 次方程式を、上記のように加減法、もしくは代入法を使って解けたかと思います。ここで、この連立 1 次方程式をなるべく簡潔に表し、簡単に考えたい、もう少しシステマティックな解き方を考えてプログラミングによって解きたいと考えるかもしれません。そこで重要になってくるのが行列となります。

　まず、この連立 1 次方程式を行列、ベクトルを使って簡潔に表現してみることにします。すると、図 4-1 のようになります。

　連立 1 次方程式の 3 式それぞれの左辺の係数のみをとって行列 A を構成します。また、連立 1 次方程式の未知数 x, y, z を列に並べてベクトル $\boldsymbol{x}$ を構成します。連立 1 次方程式の 3 式それぞれの右辺の数を列に並べてベクトル $\boldsymbol{b}$ を構成します。これらを使うと、連立 1 次方程式は以下の式で簡潔に表すことができます。

$$A\boldsymbol{x} = \boldsymbol{b} \tag{4-1}$$

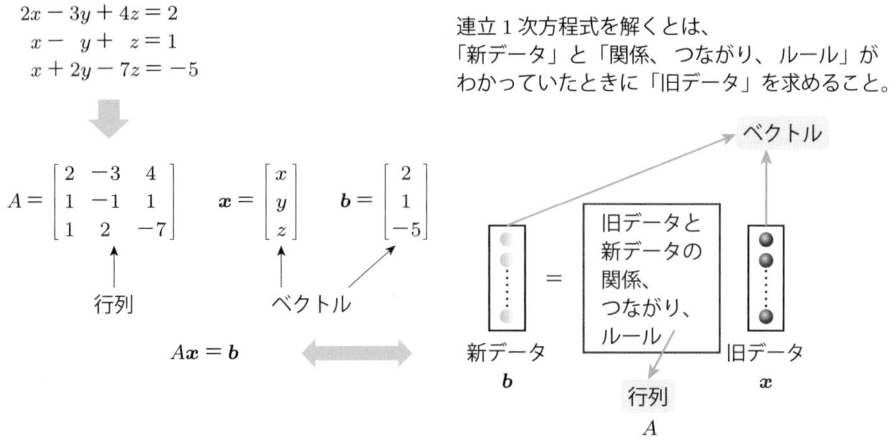

$$2x - 3y + 4z = 2$$
$$x - y + z = 1$$
$$x + 2y - 7z = -5$$

連立 1 次方程式を解くとは、
「新データ」と「関係、つながり、ルール」が
わかっていたときに「旧データ」を求めること。

$$A = \begin{bmatrix} 2 & -3 & 4 \\ 1 & -1 & 1 \\ 1 & 2 & -7 \end{bmatrix} \quad \boldsymbol{x} = \begin{bmatrix} x \\ y \\ z \end{bmatrix} \quad \boldsymbol{b} = \begin{bmatrix} 2 \\ 1 \\ -5 \end{bmatrix}$$

行列　　　　　　　　ベクトル

$$A\boldsymbol{x} = \boldsymbol{b}$$

ベクトル

新データ
$\boldsymbol{b}$

旧データと
新データの
関係、
つながり、
ルール

旧データ
$\boldsymbol{x}$

行列
A

図 4-1　連立 1 次方程式を行列とベクトルで表現してみる

この形は、2 章で述べた線形代数のイメージとまったく同じではないでしょうか。「旧データ」から「旧データと新データの関係、つながり、ルール」に基づいて「新データ」へ変換するという式の形です。もう少し異なる言い方をすれば、連立 1 次方程式は、「新データ」と「関係、つながり、ルール」がわかっていたときに「旧データ」を求めること、ということもできます。

4-1-2　連立 1 次方程式を解くには

　式 (4-1) のように、連立 1 次方程式が簡単になったところで、連立 1 次方程式の解き方、つまり、「新データ」と「関係、つながり、ルール」がわかっていたときに「旧データ」を求めるにはどうしたらよいか、を考えます。

　ここで、行列やベクトルを使わないですが、形の似ている式の解き方について考えてみましょう。例えば、

$$3x = 6$$

を解くとき、以下のように両辺に 1/3 を掛けることによって、左辺を x のみにすることで答えを導くことができます。つまり、3 が邪魔なのでそれを消去するのです。ここで、$1/3 = 3^{-1}$ と記述することができます。両辺に x の係数の逆数を掛けるという操作が重要なのです。

$$3x = 6$$
$$\frac{1}{3} \times 3x = \frac{1}{3} \times 6$$

$$3^{-1} \times 3x = 3^{-1} \times 6$$
$$x = 2$$

　$\boldsymbol{y} = A\boldsymbol{x}$ で表現される連立 1 次方程式の場合を考えてみましょう。この場合は、ベクトル $\boldsymbol{x}$ を求めたいのですが、行列 A が邪魔ですので、これを消去できるように計算したいと考えます。例えば逆数ならぬ逆行列 A^{-1} というものがあれば、以下のようにうまく計算できると考えられないでしょうか。

$$A\boldsymbol{x} = \boldsymbol{b}$$
$$A^{-1}A\boldsymbol{x} = A^{-1}\boldsymbol{b}$$
$$\boldsymbol{x} = A^{-1}\boldsymbol{b}$$

　まずは、上記のことを考えていくために必要な、行列の基本を押さえていくことにしましょう。

4-2　行　列

4-2-1　行列の基本

　要素を縦と横に並べたものを行列 (matrix) と呼びます。4-1 節の式 (4-1) で登場した $A = \begin{bmatrix} 2 & -3 & 4 \\ 1 & -1 & 1 \\ 1 & 2 & -7 \end{bmatrix}$ は行列です。図 4-2 のように、行列の横の並びを行 (row)、縦の並びを列 (column) と呼びます。この行列 A の場合、行の数が 3、列の数が 3 であるので、3 行 3 列行列、もしくは 3×3 行列といいます。このように、行列は行の数と列の数によって、その型 (type) が区別されます。

$$A = \begin{bmatrix} 2 & -3 & 4 \\ 1 & -1 & 1 \\ 1 & 2 & -7 \end{bmatrix} \text{行 (row)} \qquad A = \begin{bmatrix} 2 & -3 & 4 \\ 1 & -1 & 1 \\ 1 & 2 & -7 \end{bmatrix}$$
$$\text{列 (column)}$$

図 4-2　行列の行と列

　行列を構成しているそれぞれの値を行列 A の成分 (entry, component) もしくは要素 (element) と呼びます。行列 A の成分について見ていきましょう。行列 A の i 行目 j 列目の成分を a_{ij} と表記し、(i, j) 成分と呼びます。行列 $A = \begin{bmatrix} 2 & -3 & 4 \\ 1 & -1 & 1 \\ 1 & 2 & -7 \end{bmatrix}$ の場合、

$a_{11} = 2,\ a_{12} = -3,\ a_{13} = 4,\ a_{21} = 1,\ a_{22} = -1,\ a_{23} = 1,\ a_{31} = 1,\ a_{32} = 2,\ a_{33} = -7$ と表記することができます。

　ここで、行列 A と行列 B が等しいというのは、対応する成分の値同士が等しいことを指します。例えば、行列 A の各成分が $a_{11} = 2,\ a_{12} = -3,\ a_{13} = 4,\ a_{21} = 1,\ a_{22} = -1,$ $a_{23} = 1,\ a_{31} = 1,\ a_{32} = 2,\ a_{33} = -7$ であるときに，行列 B が行列 A と等しければ、行列 B の各成分は、$b_{11} = 2,\ b_{12} = -3,\ b_{13} = 4,\ b_{21} = 1,\ b_{22} = -1,\ b_{23} = 1,\ b_{31} = 1,$ $b_{32} = 2,\ b_{33} = -7$ となります。行列 A と行列 B が等しい、つまり、「$A = B$」であるときは、「$a_{ij} = b_{ij}$」と表すことができます。

4-2-2　様々な行列

(1) 正方行列

　行列の行の数と列の数が同じである行列を正方行列と呼びます。

> 　行の数と列の数が等しい行列、すなわち $n \times n$ 行列を、n 次正方行列 (square matrix) と呼びます。

　正方行列の左上から右下の対角線上に並んだ成分のことを対角成分 (diagonal entries, diagonal components) と呼びます。例えば、行列 $A = \begin{bmatrix} 2 & -3 & 4 \\ 1 & -1 & 1 \\ 1 & 2 & -7 \end{bmatrix}$ の対角成分は、図 4-3 のように、「2, −1, −7」となります。

$$A = \begin{bmatrix} 2 & -3 & 4 \\ 1 & -1 & 1 \\ 1 & 2 & -7 \end{bmatrix}$$

対角成分

$$\begin{bmatrix} a_{11} & a_{12} & a_{13} & \cdots & a_{1n} \\ a_{21} & a_{22} & a_{23} & \cdots & a_{2n} \\ a_{31} & a_{32} & a_{33} & \cdots & a_{3n} \\ \vdots & \vdots & \vdots & \ddots & \vdots \\ a_{n1} & a_{n2} & a_{n3} & \cdots & a_{nn} \end{bmatrix}$$

対角成分

つまり n 次正方行列の対角成分は
$a_{11}, a_{22}, a_{33}, \ldots, a_{nn}$ となる。

図 4-3　対角成分

(2) 対角行列

　正方行列の中でも特別な行列がいくつかあります。対角成分以外が 0 である行列を対角行列といいます。

n 次正方行列 $A = \begin{bmatrix} a_{11} & a_{12} & a_{13} & \cdots & a_{1n} \\ a_{21} & a_{22} & a_{23} & \cdots & a_{2n} \\ a_{31} & a_{32} & a_{33} & \cdots & a_{3n} \\ \vdots & \vdots & \vdots & \ddots & \vdots \\ a_{n1} & a_{n2} & a_{n3} & \cdots & a_{nn} \end{bmatrix}$ において、対角成分以外の成分が

すべて 0 である行列 $\begin{bmatrix} a_{11} & 0 & \cdots & \cdots & 0 \\ 0 & a_{22} & 0 & \cdots & 0 \\ \vdots & & \ddots & & \vdots \\ \vdots & & & \ddots & 0 \\ 0 & \cdots & \cdots & 0 & a_{nn} \end{bmatrix}$ を対角行列 (diagonal matrix) とい

い、

$$\begin{bmatrix} a_{11} & & & \\ & a_{22} & & \mathbf{0} \\ & & \ddots & \\ \mathbf{0} & & & a_{nn} \end{bmatrix} = \mathrm{diag}(a_{11}, a_{22}, \ldots, a_{nn})$$

と書きます。

(3) 単位行列

対角成分が 1 でそれ以外が 0 である正方行列を単位行列といいます。単位行列は実数の「1」に相当する役割があります。式で書くと以下のようになります。

単位行列 (identity matrix, unit matrix) とは、対角成分が 1 で、それ以外の成分が 0 である正方行列のことです。すなわち、$n \times n$ 行列 E の成分 e_{ij} が下記を満たすとき、単位行列といいます。

$$e_{ij} = \begin{cases} 1 & (i = j) \\ 0 & (i \neq j) \end{cases} \quad (i, j = 1, 2, \ldots, n) \tag{4-2}$$

具体的な単位行列の例は、下記のようなものです。

$$E = \begin{bmatrix} 1 & 0 \\ 0 & 1 \end{bmatrix} (2 \times 2 \text{ の単位行列}), \quad E = \begin{bmatrix} 1 & 0 & 0 \\ 0 & 1 & 0 \\ 0 & 0 & 1 \end{bmatrix} (3 \times 3 \text{ の単位行列}),$$

$$E = \begin{bmatrix} 1 & 0 & 0 & 0 \\ 0 & 1 & 0 & 0 \\ 0 & 0 & 1 & 0 \\ 0 & 0 & 0 & 1 \end{bmatrix} \ (4 \times 4 \ \text{の単位行列})$$

単位行列の性質として、次の二つが挙げられます。実数の「1」と似た性質といえるでしょう。

・単位行列とベクトルの積

$$E\boldsymbol{x} = \boldsymbol{x}$$

・例) $\begin{bmatrix} 1 & 0 & 0 \\ 0 & 1 & 0 \\ 0 & 0 & 1 \end{bmatrix} \begin{bmatrix} x \\ y \\ z \end{bmatrix} = \begin{bmatrix} x \\ y \\ z \end{bmatrix}$

・つまり、単位行列を掛けてもベクトルは変わりません。この例の場合はベクトルでしたが、次に示すように、行列に対しても同様の性質をもちます。

・単位行列と行列の積

$$EA = AE = A$$

・例) $\begin{bmatrix} 1 & 0 & 0 \\ 0 & 1 & 0 \\ 0 & 0 & 1 \end{bmatrix} \begin{bmatrix} 2 & -3 & 4 \\ 1 & -1 & 1 \\ 1 & 2 & -7 \end{bmatrix} = \begin{bmatrix} 2 & -3 & 4 \\ 1 & -1 & 1 \\ 1 & 2 & -7 \end{bmatrix} \begin{bmatrix} 1 & 0 & 0 \\ 0 & 1 & 0 \\ 0 & 0 & 1 \end{bmatrix} = \begin{bmatrix} 2 & -3 & 4 \\ 1 & -1 & 1 \\ 1 & 2 & -7 \end{bmatrix}$

・つまり、左から掛けても、右から掛けても同じ行列になるという性質です。

実際の行列とベクトルの積、行列と行列の積については4-5-4、4-5-5項で示すため、ここではこういう性質があるものだと見ておくだけでかまいません。

(4) 三角行列

正方行列にはほかに、三角行列と呼ばれる特別な性質をもつ行列もあります。

n 次正方行列 $A = \begin{bmatrix} a_{11} & a_{12} & a_{13} & \cdots & a_{1n} \\ a_{21} & a_{22} & a_{23} & \cdots & a_{2n} \\ a_{31} & a_{32} & a_{33} & \cdots & a_{3n} \\ \vdots & \vdots & \vdots & \ddots & \vdots \\ a_{n1} & a_{n2} & a_{n3} & \cdots & a_{nn} \end{bmatrix}$ において、

$i > j$ ならば $a_{ij} = 0$ を満たすものを上三角行列 (upper triangular matrix)、

$i < j$ ならば $a_{ij} = 0$ を満たすものを下三角行列 (lower triangular matrix)

と呼び、上三角行列と下三角行列をあわせて、単に**三角行列** (triangular matrix) と呼びます。

つまり、上三角行列は対角成分よりも下側が0である行列で、例としては下記のような行列があります。

$$\begin{bmatrix} 2 & -1 \\ 0 & 3 \end{bmatrix}, \quad \begin{bmatrix} 3 & 2 & 1 \\ 0 & 2 & 2 \\ 0 & 0 & 5 \end{bmatrix}, \quad \begin{bmatrix} 3 & 2 & 1 & -2 \\ 0 & 2 & -4 & 3 \\ 0 & 0 & -4 & -1 \\ 0 & 0 & 0 & 1 \end{bmatrix}$$

また、下三角行列は対角成分よりも上側が0である行列で、例としては下記のような行列があります。

$$\begin{bmatrix} 2 & 0 \\ -1 & 3 \end{bmatrix}, \quad \begin{bmatrix} 3 & 0 & 0 \\ 2 & 2 & 0 \\ 1 & 3 & 5 \end{bmatrix}, \quad \begin{bmatrix} 3 & 0 & 0 & 0 \\ 2 & 2 & 0 & 0 \\ 1 & -4 & -4 & 0 \\ -2 & 1 & 3 & 1 \end{bmatrix}$$

(5) 転置行列

行列の行と列を入れ替えた行列もあります。

行列 $A = \begin{bmatrix} a_{11} & a_{12} & \cdots & a_{1n} \\ a_{21} & a_{22} & \cdots & a_{2n} \\ \vdots & \vdots & & \vdots \\ a_{m1} & a_{m2} & \cdots & a_{mn} \end{bmatrix}$ において、$A^T = \begin{bmatrix} a_{11} & a_{21} & \cdots & a_{m1} \\ a_{12} & a_{22} & \cdots & a_{m2} \\ \vdots & \vdots & & \vdots \\ a_{1n} & a_{2n} & \cdots & a_{mn} \end{bmatrix}$ を**転置行列** (transposed matrix) と呼びます。

例えば、$A = \begin{bmatrix} 2 & -3 & 4 \\ 1 & -1 & 1 \\ 1 & 2 & -7 \end{bmatrix}$ のとき、$A^T = \begin{bmatrix} 2 & 1 & 1 \\ -3 & -1 & 2 \\ 4 & 1 & -7 \end{bmatrix}$ となります。

4-2-3 逆行列

様々な行列が定義できたところで、逆行列が厳密に定義できます。逆行列とは以下のようなものです。

正方行列 A, B について、$AB = BA = E$ となるとき、行列 B は行列 A の逆行列 (inverse matrix) といい、$B = A^{-1}$ で表されます。

つまり、下記の関係が成立します。

$$AA^{-1} = A^{-1}A = E \tag{4-3}$$

ここで、正方行列 A に逆行列が存在するとき、A を正則行列 (regular matrix) といいます。逆行列が存在しない場合もあり、それは、行列式が 0 となるときです（行列式については 4-3 節で詳しく示します）。

つまり、正方行列 A について、

「行列式が 0 ではない場合、A の逆行列が存在する（A は正則行列である）」

と整理することができます。

では、もう一度、$\boldsymbol{y} = A\boldsymbol{x}$ で表現される連立 1 次方程式について考えてみましょう。これまで示してきた性質を踏まえて、行列 A が正則行列であるとして、式展開をしてみましょう。

$$A\boldsymbol{x} = \boldsymbol{b}$$
$$A^{-1}A\boldsymbol{x} = A^{-1}\boldsymbol{b} \quad \text{（逆行列を両辺に掛けて）}$$
$$E\boldsymbol{x} = A^{-1}\boldsymbol{b} \quad \text{（逆行列の定義より）}$$
$$\boldsymbol{x} = A^{-1}\boldsymbol{b} \quad \text{（単位行列の性質より）} \tag{4-4}$$

これで、ベクトル $\boldsymbol{x}$ の値が導出できるようになりました。

▶Python で計算してみよう

下記の連立 1 次方程式を逆行列を用いて解いてみましょう。

$$\begin{cases} 2x - 3y + 4z = 2 \\ x - y + z = 1 \\ x + 2y - 7z = -5 \end{cases}$$

これを式 (4-1) の $A\boldsymbol{x} = \boldsymbol{b}$ の形にすると、

$$A = \begin{bmatrix} 2 & -3 & 4 \\ 1 & -1 & 1 \\ 1 & 2 & -7 \end{bmatrix}, \quad \boldsymbol{x} = \begin{bmatrix} x \\ y \\ z \end{bmatrix}, \quad \boldsymbol{b} = \begin{bmatrix} 2 \\ 1 \\ -5 \end{bmatrix}$$

となります。行列 A は事前に正則行列であることが確認されているとします。そのことから、式 (4-4) より、ベクトル $\boldsymbol{x}$ の値は $\boldsymbol{x} = A^{-1}\boldsymbol{b}$ で求めることができます。Python

で逆行列を求める関数は、NumPyモジュールの `linalg.inv` です。また、行列とベクトルの掛け算は、NumPyモジュールの `np.dot` で計算することができます。それを踏まえたPythonのプログラムはリスト4-1に示します。

▶リスト4-1　連立1次方程式を逆行列を使って求める

```
import numpy as np

A=np.array([[2,-3,4],
            [1,-1,1],         } A, b の設定
            [1,2,-7]])
b=np.array([2,1,-5]).reshape(-1,1)
```

```
# Aの逆行列を求める
np.linalg.inv(A)
```

```
array([[-2.5, 6.5, -0.5],
    [-4., 9., -1.],
    [-1.5, 3.5, -0.5]])
```

```
np.dot(np.linalg.inv(A),b)         ← A⁻¹b
```

```
array([[4.],
    [6.],
    [3.]])
```

3-1節で学んだように、リスト4-1中の「b=np.array([2,1,-5]).reshape(-1,1)」の「.reshape(-1,1)」は、行ベクトルから列ベクトルに変換することを意味します。

この出力結果より、$x=4, y=6, z=3$ がわかります。4-1節で同じ方程式を解きましたが、結果は確かに一致しています。

4-3　行列式

4-3-1　2×2 行列の行列式

$n \times n$ 行列 A に逆行列が存在するとき、A を正則行列と呼び、行列 A が正則行列であることを確かめるためには、行列式が0でないことを確かめる必要があることを述べました。しかし、行列式とは一体何か、どのような性質かを、ここまでで何も触れてきませんでした。まずは、2×2 行列の場合に絞って、行列式とはどういうものかを考えていきましょう。

2×2 行列 A の逆行列 A^{-1} は、下記のとおり求められることが知られています。

$A = \begin{bmatrix} a_{11} & a_{12} \\ a_{21} & a_{22} \end{bmatrix}$ の逆行列 A^{-1} は、

$$A^{-1} = \frac{1}{a_{11}a_{22} - a_{12}a_{21}} \begin{bmatrix} a_{22} & -a_{12} \\ -a_{21} & a_{11} \end{bmatrix} \tag{4-5}$$

ここで、式 (4-5) の分数部分の分母「$a_{11}a_{22} - a_{12}a_{21}$」は、0 になることが許されません。つまり、「$a_{11}a_{22} - a_{12}a_{21}$」が 0 のときは逆行列が存在しないといえます。実は、「$a_{11}a_{22} - a_{12}a_{21}$」が行列式と呼ばれるものです。行列式は $|A|$ と表現されます。つまり、2 × 2 行列 $A = \begin{bmatrix} a_{11} & a_{12} \\ a_{21} & a_{22} \end{bmatrix}$ の行列式 $|A|$ は、

$$|A| = \begin{vmatrix} a_{11} & a_{12} \\ a_{21} & a_{22} \end{vmatrix} = a_{11}a_{22} - a_{12}a_{21} \tag{4-6}$$

となります。行列式 $|A| \neq 0$ のとき、行列 A は正則行列であり、$|A| \neq 0$ が A の逆行列 A^{-1} が存在する必要十分条件となります。

例えば、$A = \begin{bmatrix} 2 & 2 \\ 1 & 3 \end{bmatrix}$ の行列式 $|A|$ を求めてみましょう。

$$|A| = \begin{vmatrix} 2 & 2 \\ 1 & 3 \end{vmatrix} = 2 \times 3 - 2 \times 1 = 4$$

と導出でき、これより逆行列 A^{-1} は、

$$A^{-1} = \frac{1}{4} \begin{bmatrix} 3 & -2 \\ -1 & 2 \end{bmatrix} = \begin{bmatrix} 0.75 & -0.5 \\ -0.25 & 0.5 \end{bmatrix}$$

となります（別の導出の仕方については、章末の「一歩深く」を参照）。

4-3-2　3 × 3 行列の行列式

3 × 3 行列 A の行列式を求める方法として、サラスの公式と呼ばれるものがあります。

$A = \begin{bmatrix} a_{11} & a_{12} & a_{13} \\ a_{21} & a_{22} & a_{23} \\ a_{31} & a_{32} & a_{33} \end{bmatrix}$ の行列式 $|A|$ は、

$$|A| = \begin{vmatrix} a_{11} & a_{12} & a_{13} \\ a_{21} & a_{22} & a_{23} \\ a_{31} & a_{32} & a_{33} \end{vmatrix}$$

$$= a_{11}a_{22}a_{33} + a_{12}a_{23}a_{31} + a_{13}a_{21}a_{32} - a_{13}a_{22}a_{31} - a_{12}a_{21}a_{33} - a_{11}a_{23}a_{32}$$

$$(4\text{-}7)$$

と表されます。少し覚えづらいと思われるかもしれませんが、図 4-4 のように考えれば、それほど難しい構造ではないことがわかります。

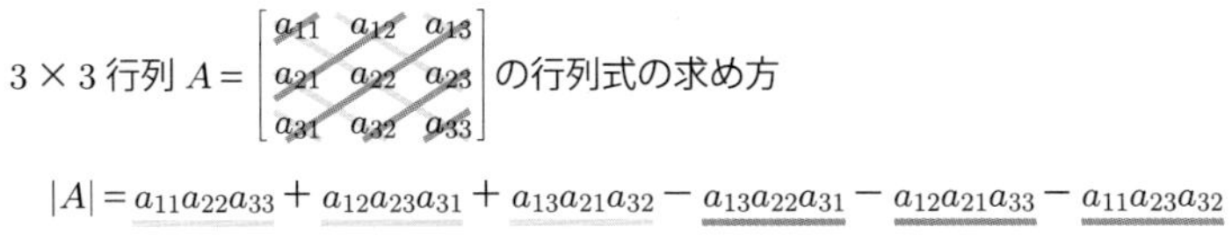

$$3 \times 3 \text{ 行列 } A = \begin{bmatrix} a_{11} & a_{12} & a_{13} \\ a_{21} & a_{22} & a_{23} \\ a_{31} & a_{32} & a_{33} \end{bmatrix} \text{ の行列式の求め方}$$

$$|A| = a_{11}a_{22}a_{33} + a_{12}a_{23}a_{31} + a_{13}a_{21}a_{32} - a_{13}a_{22}a_{31} - a_{12}a_{21}a_{33} - a_{11}a_{23}a_{32}$$

図 4-4　サラスの公式

では、サラスの公式を使って、実際に行列式を求めてみることにします。$A = \begin{bmatrix} 2 & -3 & 4 \\ 1 & -1 & 1 \\ 1 & 2 & -7 \end{bmatrix}$ の行列式 $|A|$ は、

$$|A| = 2 \times -1 \times (-7) + (-3) \times 1 \times 1 + 4 \times 1 \times 2 - 4 \times (-1) \times 1$$
$$- (-3) \times 1 \times (-7) - 2 \times 1 \times 2$$
$$= 14 - 3 + 8 + 4 - 21 - 4 = -2$$

となります。よって、この行列 A は正則行列であり、逆行列が存在します。

一歩深く ▶ ‥‥ 余因子展開

上記のとおり、2×2 行列の行列式は式 (4-6) で求められ、3×3 行列の行列式はサラスの公式で求めることができます。一般に、$n \times n$ 行列の行列式を求める方法として、余因子展開というものがあります。

例えば、$A = \begin{bmatrix} a_{11} & a_{12} & a_{13} \\ a_{21} & a_{22} & a_{23} \\ a_{31} & a_{32} & a_{33} \end{bmatrix}$ の行列式 $|A|$ は、

$$|A| = a_{11}(-1)^{1+1}\begin{vmatrix} a_{22} & a_{23} \\ a_{32} & a_{33} \end{vmatrix} + a_{12}(-1)^{1+2}\begin{vmatrix} a_{21} & a_{23} \\ a_{31} & a_{33} \end{vmatrix} + a_{13}(-1)^{1+3}\begin{vmatrix} a_{21} & a_{22} \\ a_{31} & a_{32} \end{vmatrix}$$

$$= a_{21}(-1)^{2+1}\begin{vmatrix} a_{12} & a_{13} \\ a_{32} & a_{33} \end{vmatrix} + a_{22}(-1)^{2+2}\begin{vmatrix} a_{11} & a_{13} \\ a_{31} & a_{33} \end{vmatrix} + a_{23}(-1)^{2+3}\begin{vmatrix} a_{11} & a_{12} \\ a_{31} & a_{32} \end{vmatrix}$$

$$= a_{31}(-1)^{3+1}\begin{vmatrix} a_{12} & a_{13} \\ a_{22} & a_{33} \end{vmatrix} + a_{32}(-1)^{3+2}\begin{vmatrix} a_{11} & a_{13} \\ a_{21} & a_{23} \end{vmatrix} + a_{33}(-1)^{3+3}\begin{vmatrix} a_{11} & a_{12} \\ a_{21} & a_{22} \end{vmatrix}$$

と求めることができます。少し複雑ですので、1 番目の式を例に、図 4-5 を見ながら解説をしていきます。

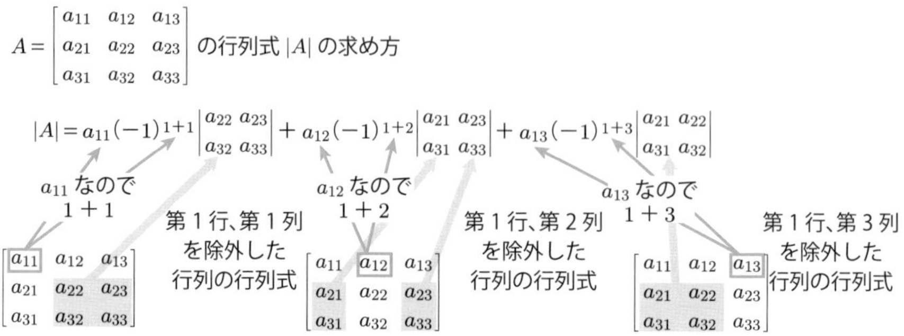

$A = \begin{bmatrix} a_{11} & a_{12} & a_{13} \\ a_{21} & a_{22} & a_{23} \\ a_{31} & a_{32} & a_{33} \end{bmatrix}$ の行列式 $|A|$ の求め方

$$|A| = a_{11}(-1)^{1+1}\begin{vmatrix} a_{22} & a_{23} \\ a_{32} & a_{33} \end{vmatrix} + a_{12}(-1)^{1+2}\begin{vmatrix} a_{21} & a_{23} \\ a_{31} & a_{33} \end{vmatrix} + a_{13}(-1)^{1+3}\begin{vmatrix} a_{21} & a_{22} \\ a_{31} & a_{32} \end{vmatrix}$$

a_{11} なので
$1 + 1$

第 1 行、第 1 列
を除外した
行列の行列式

a_{12} なので
$1 + 2$

第 1 行、第 2 列
を除外した
行列の行列式

a_{13} なので
$1 + 3$

第 1 行、第 3 列
を除外した
行列の行列式

$\begin{bmatrix} a_{11} & a_{12} & a_{13} \\ a_{21} & a_{22} & a_{23} \\ a_{31} & a_{32} & a_{33} \end{bmatrix}$ $\begin{bmatrix} a_{11} & a_{12} & a_{13} \\ a_{21} & a_{22} & a_{23} \\ a_{31} & a_{32} & a_{33} \end{bmatrix}$ $\begin{bmatrix} a_{11} & a_{12} & a_{13} \\ a_{21} & a_{22} & a_{23} \\ a_{31} & a_{32} & a_{33} \end{bmatrix}$

図 4-5　余因子展開

　行列式を求めたい行列の任意の行に着目します。図 4-5 の例では、第 1 行に着目しています。その行の各列について計算していくことになります。まず、着目している行の第 1 列の成分について考えます。式中の「$(-1)^{i+j}$」ですが、この i と j は着目している行番号と列番号を意味しています。今は、第 1 行第 1 列に着目していますので、「$(-1)^{1+1}$」ということになります。その値に第 1 行第 1 列の成分 a_{11} を掛け、さらに、第 1 行と第 1 列を除外した行列の行列式をこれらと掛け合わせることになります。同様に、第 1 行第 2 列に着目し、「a_{12}」「$(-1)^{1+2}$」と第 1 行と第 2 列を除外した行列の行列式を掛け合わせます。同様に、第 1 行第 3 列に着目し、「a_{13}」「$(-1)^{1+3}$」と第 1 行と第 3 列を除外した行列の行列式を掛け合わせます。これらを足し合わせたものが、求めたい行列式の値となります。

　第 2 行、第 3 行に着目する場合にも、同様の定式化ができます。

　4×4 行列などのより大きな行列についても同様に、小さな行列式を求めることで行列式を求めることができます。

　では、余因子展開を使って、実際に行列式を求めてみることにします。$A = \begin{bmatrix} 2 & -3 & 4 \\ 1 & -1 & 1 \\ 1 & 2 & -7 \end{bmatrix}$
の行列式 $|A|$ は、

$$|A| = 2 \times (-1)^{1+1} \times \begin{vmatrix} -1 & 1 \\ 2 & -7 \end{vmatrix} + (-3) \times (-1)^{1+2} \times \begin{vmatrix} 1 & 1 \\ 1 & -7 \end{vmatrix} + 4 \times (-1)^{1+3} \times \begin{vmatrix} 1 & -1 \\ 1 & 2 \end{vmatrix}$$

$$= 2 \times \{(-1) \times (-7) - 1 \times 2\} + 3 \times \{1 \times (-7) - 1 \times 1\} + 4 \times \{1 \times 2 - (-1) \times 1\}$$

$$= 10 - 24 + 12 = -2$$

となります。

▶Python で計算してみよう

$A = \begin{bmatrix} 2 & -3 & 4 \\ 1 & -1 & 1 \\ 1 & 2 & -7 \end{bmatrix}$ の行列式 $|A|$ を Python で導出してみましょう。サラスの公式

や余因子展開では少し面倒な計算をしなければなりませんが、Python では NumPy
モジュールの linalg.det を用いれば、リスト 4-2 のように、簡単に求めることがで
きます。

▶リスト 4-2　行列式を求める

```
import numpy as np

A=np.array([[2,-3,4],
            [1,-1,1],
            [1,2,-7]])
```

```
# Aの行列式を求める
np.linalg.det(A)
```

```
-1.9999999999999993
```

　計算結果が「−1.9999999999999993」ですが、約 −2 ということで、サラスの公式
や余因子展開を使って求めた結果とほぼ同じになります。

4-3-3　行列式の性質
　ここでは、行列式の性質を示していきます。これらの性質を使うと、行列式の演算
が簡単になることがあります。

(1)転置
$A = \begin{bmatrix} a_{11} & a_{12} & \cdots & a_{1n} \\ a_{21} & a_{22} & \cdots & a_{2n} \\ \vdots & \vdots & \ddots & \vdots \\ a_{n1} & a_{n2} & \cdots & a_{nn} \end{bmatrix}$ のとき、$A^T = \begin{bmatrix} a_{11} & a_{21} & \cdots & a_{n1} \\ a_{12} & a_{22} & \cdots & a_{n2} \\ \vdots & \vdots & \ddots & \vdots \\ a_{1n} & a_{2n} & \cdots & a_{nn} \end{bmatrix}$ （転置行列）とす

ると、

$$|A| = |A^T| \tag{4-8}$$

が成り立ちます。これは、転置（行が列に、列が行になった）としても行列式は変わ
らないということを意味します。

(2) 多重線形性

$$
① \begin{vmatrix} a_{11} & \cdots & a_{1i}+b_{1i} & \cdots & a_{1n} \\ a_{21} & \cdots & a_{2i}+b_{2i} & \cdots & a_{2n} \\ \vdots & \ddots & \vdots & \ddots & \vdots \\ a_{n1} & \cdots & a_{ni}+b_{ni} & \cdots & a_{nn} \end{vmatrix} = \begin{vmatrix} a_{11} & \cdots & a_{1i} & \cdots & a_{1n} \\ a_{21} & \cdots & a_{2i} & \cdots & a_{2n} \\ \vdots & \ddots & \vdots & \ddots & \vdots \\ a_{n1} & \cdots & a_{ni} & \cdots & a_{nn} \end{vmatrix} + \begin{vmatrix} a_{11} & \cdots & b_{1i} & \cdots & a_{1n} \\ a_{21} & \cdots & b_{2i} & \cdots & a_{2n} \\ \vdots & \ddots & \vdots & \ddots & \vdots \\ a_{n1} & \cdots & b_{ni} & \cdots & a_{nn} \end{vmatrix}
$$
(4-9)

これは、一つの列（または行）の各成分が二つの数の和からなるとき、この行列式は二つの行列式の和に分けられることを意味します。

$$
② \begin{vmatrix} a_{11} & \cdots & k\,a_{1i} & \cdots & a_{1n} \\ a_{21} & \cdots & k\,a_{2i} & \cdots & a_{2n} \\ \vdots & \ddots & \vdots & \ddots & \vdots \\ a_{n1} & \cdots & k\,a_{ni} & \cdots & a_{nn} \end{vmatrix} = k \begin{vmatrix} a_{11} & \cdots & a_{1i} & \cdots & a_{1n} \\ a_{21} & \cdots & a_{2i} & \cdots & a_{2n} \\ \vdots & \ddots & \vdots & \ddots & \vdots \\ a_{n1} & \cdots & a_{ni} & \cdots & a_{nn} \end{vmatrix}
$$
(4-10)

これは、行列式の一つの列（または行）をk倍すると、もとの行列式の値をk倍したものと等しくなることを意味します。

(3) 交代性

$$
① \begin{vmatrix} a_{11} & \cdots & a_{1i} & \cdots & a_{1j} & \cdots & a_{1n} \\ a_{21} & \cdots & a_{2i} & \cdots & a_{2j} & \cdots & a_{2n} \\ \vdots & & \vdots & & \vdots & & \vdots \\ a_{n1} & \cdots & a_{ni} & \cdots & a_{nj} & \cdots & a_{nn} \end{vmatrix} = - \begin{vmatrix} a_{11} & \cdots & a_{1j} & \cdots & a_{1i} & \cdots & a_{1n} \\ a_{21} & \cdots & a_{2j} & \cdots & a_{2i} & \cdots & a_{2n} \\ \vdots & & \vdots & & \vdots & & \vdots \\ a_{n1} & \cdots & a_{nj} & \cdots & a_{ni} & \cdots & a_{nn} \end{vmatrix}
$$
(4-11)

これは、二つの列（または行）を入れ替えると、行列式の値はその符号が変わることを意味します。

$$
② \begin{vmatrix} a_{11} & \cdots & a_{1i} & \cdots & a_{1i} & \cdots & a_{1n} \\ a_{21} & \cdots & a_{2i} & \cdots & a_{2i} & \cdots & a_{2n} \\ \vdots & & \vdots & & \vdots & & \vdots \\ a_{n1} & \cdots & a_{ni} & \cdots & a_{ni} & \cdots & a_{nn} \end{vmatrix} = 0
$$
(4-12)

これは、二つの列（または行）が等しい行列式の値は0であることを意味します。

(4) 単位行列の行列式

$$E = \begin{bmatrix} 1 & 0 & 0 & \cdots & 0 \\ 0 & 1 & 0 & \cdots & 0 \\ 0 & 0 & \ddots & \ddots & \vdots \\ \vdots & \ddots & \ddots & \ddots & 0 \\ 0 & \cdots & 0 & 0 & 1 \end{bmatrix}, \quad |E| = 1 \tag{4-13}$$

これは、単位行列の行列式は 1 であることを意味します。

(5) 三角行列の行列式

$$\begin{vmatrix} a_{11} & \cdots & a_{1n} \\ & \ddots & \vdots \\ \text{\Large 0} & & a_{nn} \end{vmatrix} = \begin{vmatrix} a_{11} & & \text{\Large 0} \\ \vdots & \ddots & \\ a_{n1} & \cdots & a_{nn} \end{vmatrix} = a_{11}a_{22}\cdots a_{nn} \tag{4-14}$$

これは、三角行列（対角行列を含む）の行列式は、対角成分の積で求められることを意味します。

(6) 積

$$|AB| = |A||B| \quad (A, B \text{ は正方行列}) \tag{4-15}$$

これは、行列 A と行列 B がいずれも正方行列の場合、その積 AB の行列式は、それぞれの行列式の積に等しいことを意味します。

$$|A^{-1}| = \frac{1}{|A|} \tag{4-16}$$

これは、逆行列の行列式は、もとの行列の行列式の逆数と等しいことを意味します。

(7) 行列の変形

$$A = \begin{vmatrix} a_{11} & \cdots & a_{1i} & \cdots & a_{1n} \\ a_{21} & \cdots & a_{2i} & \cdots & a_{2n} \\ \vdots & \ddots & \vdots & \ddots & \vdots \\ a_{n1} & \cdots & a_{ni} & \cdots & a_{nn} \end{vmatrix} \text{ に対し、}$$

$$\begin{vmatrix} a_{11} & \cdots & a_{1i}+ka_{1j} & \cdots & a_{1n} \\ a_{21} & \cdots & a_{2i}+ka_{2j} & \cdots & a_{2n} \\ \vdots & \ddots & \vdots & & \vdots \\ a_{n1} & \cdots & a_{ni}+ka_{nj} & \cdots & a_{nn} \end{vmatrix}$$

$$\overset{(2)}{=} \begin{vmatrix} a_{11} & \cdots & a_{1i} & \cdots & a_{1n} \\ a_{21} & \cdots & a_{2i} & \cdots & a_{2n} \\ \vdots & \ddots & \vdots & \ddots & \vdots \\ a_{n1} & \cdots & a_{ni} & \cdots & a_{nn} \end{vmatrix} + k \begin{vmatrix} a_{11} & \cdots & a_{1j} & \cdots & a_{1j} & \cdots & a_{1n} \\ a_{21} & \cdots & a_{2j} & \cdots & a_{2j} & \cdots & a_{2n} \\ \vdots & \ddots & \vdots & & \vdots & & \vdots \\ a_{n1} & \cdots & a_{nj} & \cdots & a_{nj} & \cdots & a_{nn} \end{vmatrix}$$

$$\overset{(3)②}{=} |A| \tag{4-17}$$

これは、一つの列（または行）に任意の定数 k を掛けて他の行（または列）に加えても、行列式の値は変わらないことを意味します。

▶ Python で計算してみよう

上記の行列式の性質を、Python のプログラムで計算することにより確かめていきましょう。

まず、(1)転置の性質についてリスト 4-3 に示します。A の転置行列は「(A.T)」で求められます。行列 $A = \begin{bmatrix} 4 & -7 & 4 \\ 1 & 1 & -1 \\ 2 & 5 & -8 \end{bmatrix}$ の行列式と行列 A^T の行列式が同じ値になっていることが確かめられます。

▶ リスト 4-3　行列式の性質（転置）

```
import numpy as np

A = np.array([
  [ 4, -7, 4],
  [ 1, 1, -1],
  [ 2, 5, -8],
])
```

```
np.linalg.det(A)    ← |A|
```

```
-42.00000000000001
```

```
np.linalg.det(A.T)    ← |A^T|
```

```
-42.00000000000001
```

(2) 多重線形性について、リスト 4-4 に示します。

$$A = \begin{bmatrix} 4 & 4 & 4 & 3 \\ 1 & 8 & -1 & 2 \\ 2 & 6 & -8 & 1 \\ 3 & 2 & 3 & 2 \end{bmatrix}, B = \begin{bmatrix} 4 & 2 & 4 & 3 \\ 1 & 6 & -1 & 2 \\ 2 & 4 & -8 & 1 \\ 3 & 0 & 3 & 2 \end{bmatrix}, C = \begin{bmatrix} 4 & 2 & 4 & 3 \\ 1 & 2 & -1 & 2 \\ 2 & 2 & -8 & 1 \\ 3 & 2 & 3 & 2 \end{bmatrix}, D = \begin{bmatrix} 4 & 2 & 4 & 3 \\ 1 & 4 & -1 & 2 \\ 2 & 3 & -8 & 1 \\ 3 & 1 & 3 & 2 \end{bmatrix}$$

という行列を用意します。これらは 2 列目だけが異なる行列であり、その列に注目しましょう。行列 B の 2 列目と行列 C の 2 列目を足せば、行列 A の 2 列目となります。よって、式 (4-9) の性質を用いれば、$|A| = |B| + |C|$ を満たすはずです。また、行列 D は、その 2 列目を 2 倍すれば行列 A になります。そのことから、式 (4-10) の性質を用いれば、$|A| = 2|D|$ となります。プログラムの結果を見ると、すべておよそ 8 となっており、多重線形性の性質を満たしていることが確かめられます。

▶リスト 4-4　行列式の性質（多重線形性）

```python
import numpy as np

A = np.array([
    [ 4, 4, 4, 3],
    [ 1, 8, -1, 2],
    [ 2, 6, -8, 1],
    [ 3, 2, 3, 2]
])

B=np.array([
    [ 4, 2, 4, 3],
    [ 1, 6, -1, 2],
    [ 2, 4, -8, 1],
    [ 3, 0, 3, 2]
])

C=np.array([
    [ 4, 2, 4, 3],
    [ 1, 2, -1, 2],
    [ 2, 2, -8, 1],
    [ 3, 2, 3, 2]
])

D=np.array([
    [ 4, 2, 4, 3],
    [ 1, 4, -1, 2],
    [ 2, 3, -8, 1],
```

```
    [ 3, 1, 3, 2]
])
```

```
np.linalg.det(A)                    ← |A|
```

```
8.000000000000098
```

```
np.linalg.det(B)+np.linalg.det(C)   ← |B| + |C|
```

```
7.9999999999999645
```

```
2*np.linalg.det(D)                  ← 2|D|
```

```
8.000000000000105
```

(3) 交代性について、リスト 4-5 に示します。行列 $A = \begin{bmatrix} 4 & 4 & 4 & 3 \\ 1 & 8 & -1 & 2 \\ 2 & 6 & -8 & 1 \\ 3 & 2 & 3 & 2 \end{bmatrix}$ の 2 列目と 3

列目を入れ替えると、行列 $B = \begin{bmatrix} 4 & 4 & 4 & 3 \\ 1 & -1 & 8 & 2 \\ 2 & -8 & 6 & 1 \\ 3 & 3 & 2 & 2 \end{bmatrix}$ になります。そのことから、式 (4-11)

の性質により、$|A| = -|B|$ となります。実際、プログラムの結果を見ると、交代性の性質を満たしていることが確かめられます。

▶リスト 4-5　行列式の性質（交代性）

```
import numpy as np
A=np.array([
    [ 4, 4, 4, 3],
    [ 1, 8, -1, 2],
    [ 2, 6, -8, 1],
    [ 3, 2, 3, 2]
])

B=np.array([
    [ 4, 4, 4, 3],
    [ 1, -1, 8, 2],
    [ 2, -8, 6, 1],
    [ 3, 3, 2, 2]
])
```

```
np.linalg.det(A)  ← |A|
```

```
8.000000000000098
```

```
np.linalg.det(B)  ←|B|
```

```
-7.999999999999995
```

(4) 単位行列の行列式の性質について、リスト4-6に示します。「E=np.eye(4)」ではE
に4×4の単位行列が格納されます。行列Eの行列式を求めると、「np.linalg.det(E)」
は1.0となり、単位行列の行列式は1であることが確かめられます。

▶リスト4-6　行列式の性質（単位行列の行列式）

```
import numpy as np
E=np.eye(4)
E
```

```
array([[1., 0., 0., 0.],
       [0., 1., 0., 0.],
       [0., 0., 1., 0.],
       [0., 0., 0., 1.]])
```

```
np.linalg.det(E)  ←|E|
```

```
1.0
```

(5) 三角行列の行列式について、リスト4-7に示します。行列 $A = \begin{bmatrix} 4 & 4 & 4 & 3 \\ 0 & 8 & -1 & 2 \\ 0 & 0 & -8 & 1 \\ 0 & 0 & 0 & 2 \end{bmatrix}$、

行列 $B = \begin{bmatrix} 4 & 0 & 0 & 0 \\ 4 & 8 & 0 & 0 \\ 4 & -1 & -8 & 0 \\ 3 & 2 & 1 & 2 \end{bmatrix}$ という三角行列であるため、式(4-14)より、行列式はと

もに$4 \times 8 \times (-8) \times 2 = -512$となるはずです。実際、結果を見ると、どちらもおよ
そ-512となっていることから、三角行列の行列式の性質を満たしていることが確か
められます。

▶リスト4-7　行列式の性質（三角行列の行列式）

```
import numpy as np
A = np.array([
  [ 4, 4, 4, 3],
  [ 0, 8, -1, 2],
```

```
    [ 0, 0, -8, 1],
    [ 0, 0, 0, 2]
])

B=np.array([
    [ 4, 0, 0, 0],
    [ 4, 8, 0, 0],
    [ 4, -1, -8, 0],
    [ 4, 2, 1, 2]
])
```

```
np.linalg.det(A)  ← |A|
```

```
-511.9999999999995
```

```
np.linalg.det(B)  ← |B|
```

```
-511.9999999999995
```

(6) 行列式の積の性質について、リスト 4-8 に示します。行列 $A = \begin{bmatrix} 4 & -7 & 4 \\ 1 & 1 & -1 \\ 2 & 5 & -8 \end{bmatrix}$、行

列 $B = \begin{bmatrix} 2 & -1 & 3 \\ 1 & 3 & -1 \\ 1 & 2 & -5 \end{bmatrix}$ を例として、式 (4-15) の $|AB| = |A||B|$ と式 (4-16) の $|A^{-1}| =$

$1/|A|$ を計算で検証します。まず、$|AB| = |A||B|$ については、はじめの二つの結果から確認できます。

次に、「np.linalg.det(A)」は -42.00000000000001 であり、$1/-42$ を計算してみると -0.023809523809523808 となります。これは「np.linalg.det(np.linalg.inv(A))」の値 -0.023809523809523808 とほぼ等しくなっていることから、行列 A の逆行列の行列式は、行列 A の行列式の逆数と等しくなることが確認できます。

▶リスト 4-8　行列式の性質（積）

```
import numpy as np
A = np.array([
    [4, -7, 4],
    [1, 1, -1],
    [2, 5, -8],
])

B = np.array([
    [2, -1, 3],
```

```
    [1, 3, -1],
    [1, 2, -5],
])
```

```
np.linalg.det(A)*np.linalg.det(B)    ← |A||B|
```

```
1386.000000000001
```

```
np.linalg.det(np.dot(A,B))    ← |AB|
```

```
1386.0000000000002
```

```
np.linalg.det(A)    ← |A|
```

```
-42.00000000000001
```

```
np.linalg.det(np.linalg.inv(A))    ← |A^{-1}|
```

```
-0.023809523809523808
```

```
-1/42                    ← $\frac{1}{-42}$ の値を出してみる
```

```
-0.023809523809523808
```

(7) 行列の変形について、行列 $A = \begin{bmatrix} 4 & -7 & 4 \\ 1 & 1 & -1 \\ 2 & 5 & -8 \end{bmatrix}$ の行列式と、行列 A の1列目を

2倍して2列目に加えた行列 $B = \begin{bmatrix} 4 & 1 & 4 \\ 1 & 3 & -1 \\ 2 & 9 & -8 \end{bmatrix}$ の行列式が同じになるか計算した結果

をリスト4-9に示します。両方の行列式が -42.00000000000001 と導出されているの
がわかります。

▶リスト4-9　行列式の性質（行列の変形）

```
import numpy as np
A = np.array([
    [ 4, -7, 4],
    [ 1, 1, -1],
    [ 2, 5, -8],
])

B = np.array([
    [ 4, 1, 4],
    [ 1, 3, -1],
```

```
     [ 2, 9, -8],
])
```

```
np.linalg.det(A)    ← |A|
```

```
-42.00000000000001
```

```
np.linalg.det(B)    ← |B|
```

```
-42.00000000000001
```

4-4　ガウスの消去法

4-1、4-2 節で、行列を用いた連立 1 次方程式の表現について述べました。実際に連立 1 次方程式の解を求める手法として、直接法と反復法があります。直接法とは行列の変形により変数を消去していく手法で、反復法とは適当に選んだ初期値から計算を繰り返すことで反復的に近似解を求めていく手法です。本節では、直接法の一つであるガウスの消去法について、具体例を示しながら解説していきます。

4-4-1　ガウスの消去法の前進消去と後退代入

ガウスの消去法は、前進消去と後退代入から構成されます。まずは、前進消去と後退代入はどういうものかを示していきます。例として、下記の連立 1 次方程式をガウスの消去法で解いていきましょう。

$$\begin{cases} a_{11}x + a_{12}y + a_{13}z = b_1 \\ a_{21}x + a_{22}y + a_{23}z = b_2 \\ a_{31}x + a_{32}y + a_{33}z = b_3 \end{cases}$$

これを式 (4-1) の $A\boldsymbol{x} = \boldsymbol{b}$ の形にすると、

$$A = \begin{bmatrix} a_{11} & a_{12} & a_{13} \\ a_{21} & a_{22} & a_{23} \\ a_{31} & a_{32} & a_{33} \end{bmatrix}, \quad \boldsymbol{x} = \begin{bmatrix} x \\ y \\ z \end{bmatrix}, \quad \boldsymbol{b} = \begin{bmatrix} b_1 \\ b_2 \\ b_3 \end{bmatrix}$$

となります。

まず、$A, \boldsymbol{b}$ を列方向で結合します。

$$\left[\begin{array}{ccc|c} a_{11} & a_{12} & a_{13} & b_1 \\ a_{21} & a_{22} & a_{23} & b_2 \\ a_{31} & a_{32} & a_{33} & b_3 \end{array} \right]$$

この A, $\boldsymbol{b}$ を列方向で結合した行列（$[A|\boldsymbol{b}]$ と表す）について、前進消去、後退代入の操作をしていきます。

▶具体的な例でガウスの消去法を解いてみる

例えば、下記の連立1次方程式をガウスの消去法で解いていきましょう。

$$\begin{cases} 2x - 3y + 4z = 2 \\ x - y + z = 1 \\ x + 2y - 7z = -5 \end{cases}$$

これを式 (4-1) の $A\boldsymbol{x} = \boldsymbol{b}$ の形にすると、

$$A = \begin{bmatrix} 2 & -3 & 4 \\ 1 & -1 & 1 \\ 1 & 2 & -7 \end{bmatrix}, \quad \boldsymbol{x} = \begin{bmatrix} x \\ y \\ z \end{bmatrix}, \quad \boldsymbol{b} = \begin{bmatrix} 2 \\ 1 \\ -5 \end{bmatrix}$$

となります。

まず、A, $\boldsymbol{b}$ を列方向で結合します。

$$\begin{bmatrix} 2 & -3 & 4 & | & 2 \\ 1 & -1 & 1 & | & 1 \\ 1 & 2 & -7 & | & -5 \end{bmatrix} \tag{4-18}$$

(1) 前進消去

前進消去とは、A, $\boldsymbol{b}$ を列方向で結合した $m \times n$ 行列について、1行目から m 行目まで順番に着目する行を変えながら、現在着目している行を定数倍して他の行に足したり引いたりすることで、行列 A の対角成分より左下部分の成分を0として、行列 A の部分を上三角行列にしていく操作を指します。

式 (4-18) の (2,1) 成分を0にするために、2行目 − 1行目 × 0.5 をし、それを2行目と置き換えます。1行目に掛ける 0.5 は、$\frac{2行1列の成分}{1行1列の成分} = \frac{1}{2} = 0.5$ から求めることができます。

$$\begin{array}{ccc|c} 1 & -1 & 1 & 1 \\ 1 & -1.5 & 2 & 1 \\ \hline 0 & 0.5 & -1 & 0 \end{array} \quad \rightarrow \quad \begin{bmatrix} 2 & -3 & 4 & | & 2 \\ 0 & 0.5 & -1 & | & 0 \\ 1 & 2 & -7 & | & -5 \end{bmatrix}$$

同様に、3行目 − 1行目 × 0.5 をし、それを3行目と置き換えます。1行目に掛ける 0.5 は、$\frac{3行1列の成分}{1行1列の成分} = \frac{1}{2} = 0.5$ から求めることができます。

$$\begin{array}{ccc|c}
1 & 2 & -7 & -5 \\
1 & -1.5 & 2 & 1 \\
\hline
0 & 3.5 & -9 & -6
\end{array}
\quad \rightarrow \quad
\begin{bmatrix}
2 & -3 & 4 & 2 \\
0 & 0.5 & -1 & 0 \\
0 & 3.5 & -9 & -6
\end{bmatrix}$$

さらに、3 行目 − 2 行目 × 7 をし、それを 3 行目と置き換えます。2 行目に掛ける 7 は、$\frac{3 行 2 列の成分}{2 行 2 列の成分} = \frac{3.5}{0.5} = 7$ から求めることができます。

$$\begin{array}{ccc|c}
0 & 3.5 & -9 & -6 \\
0 & 3.5 & -7 & 0 \\
\hline
0 & 0 & -2 & -6
\end{array}
\quad \rightarrow \quad
\begin{bmatrix}
2 & -3 & 4 & 2 \\
0 & 0.5 & -1 & 0 \\
0 & 0 & -2 & -6
\end{bmatrix}
\qquad (4\text{-}19)$$

前進消去を行うことで、行列 A の部分は、左下半分が 0 の上三角行列に変形できました。

(2) 後退代入

　後退代入とは、前進消去によって三角行列となった $m \times n$ 行列について、m 行目から 1 行目まで順番に着目する行を変えながら、現在着目している行の対角成分を 1 にし、その行を定数倍して他の行に足したり引いたりすることで、行列 A の対角成分より右上部分の成分を 0 として、行列 A の部分を単位行列にしていく操作を指します。

　式 (4-19) の $(3,3)$ 成分を 1 にするため、3 行目 × (-0.5) をして、それを 3 行目と置き換えます。3 行目に掛ける -0.5 は、$\frac{1}{3 行 3 列の成分} = \frac{1}{-2} = -0.5$ から求めることができます。

$$\begin{bmatrix}
2 & -3 & 4 & 2 \\
0 & 0.5 & -1 & 0 \\
0 & 0 & 1 & 3
\end{bmatrix}$$

$(2,3)$ 成分を 0 にするため、2 行目 − 3 行目 × (-1) をして、それを 2 行目と置き換えます。3 行目に掛ける -1 は $\frac{2 行 3 列の成分}{3 行 3 列の成分} = \frac{-1}{1} = -1$ から求めることができます。

$$\begin{array}{ccc|c}
0 & 0.5 & -1 & 0 \\
0 & 0 & -1 & -3 \\
\hline
0 & 0.5 & 0 & 3
\end{array}
\quad \rightarrow \quad
\begin{bmatrix}
2 & -3 & 4 & 2 \\
0 & 0.5 & 0 & 3 \\
0 & 0 & 1 & 3
\end{bmatrix}$$

以下同様に、$(1,3)$ 成分を 0 にするため、1 行目 − 3 行目 × 4 をして、それを 1 行目と置き換えます。

$$\begin{array}{ccc|c} 2 & -3 & 4 & 2 \\ 0 & 0 & 4 & 12 \\ \hline 2 & -3 & 0 & -10 \end{array} \quad \rightarrow \quad \begin{bmatrix} 2 & -3 & 0 & -10 \\ 0 & 0.5 & 0 & 3 \\ 0 & 0 & 1 & 3 \end{bmatrix}$$

$(2,2)$ 成分を 1 にするため、2 行目 $\times 2$ をします。

$$\begin{bmatrix} 2 & -3 & 0 & -10 \\ 0 & 1 & 0 & 6 \\ 0 & 0 & 1 & 3 \end{bmatrix}$$

$(1,2)$ 成分を 0 にするため、1 行目 $-$ 2 行目 $\times (-3)$ をして、それを 1 行目と置き換えます。

$$\begin{array}{ccc|c} 2 & -3 & 0 & -10 \\ 0 & -3 & 0 & -18 \\ \hline 2 & 0 & 0 & 8 \end{array} \quad \rightarrow \quad \begin{bmatrix} 2 & 0 & 0 & 8 \\ 0 & 1 & 0 & 6 \\ 0 & 0 & 1 & 3 \end{bmatrix}$$

$(1,1)$ 成分を 1 にするため、1 行目 $\times 0.5$ をして、それを 1 行目と置き換えます。

$$\begin{bmatrix} 1 & 0 & 0 & 4 \\ 0 & 1 & 0 & 6 \\ 0 & 0 & 1 & 3 \end{bmatrix}$$

後退代入を行うことで、行列 A の部分が単位行列となりました。この行列は

$$\begin{cases} x & = 4 \\ y & = 6 \\ z = 3 \end{cases}$$

であることを表しています。すなわち、ベクトル $\boldsymbol{b}$ の部分が解の $\boldsymbol{x}$ となっています。

▶ Python で計算してみよう

　ガウスの消去法を Python でプログラムしたものを、リスト 4-10 に示します。

▶リスト 4-10　ガウスの消去法のプログラム

```
import numpy as np

def gauss_elimination(A,b):
  Ab=np.concatenate((A, b), axis=1)   ← [A|b]
  N=Ab.shape[0]   ← [A|b] の行方向の大きさを取得

  # 前進消去
  for i in range(1, N):
    for j in range(i, N):
      Ab[j,:] = Ab[j,:]-Ab[i-1,:]*Ab[j, i-1]/Ab[i-1, i-1]

  # 後退代入
  for i in range(N-2, -2, -1):
    Ab[i+1,:]=Ab[i+1,:]*(1/Ab[i+1, i+1])
    for j in range(i, -1, -1):
      Ab[j,:] = Ab[j,:]-Ab[i+1]*Ab[j, i+1]/Ab[i+1, i+1]

  return Ab[:, N].reshape(-1,1)
```

ガウスの消去法の関数定義

```
A=np.array([[2.,-3.,4.],
            [1.,-1.,1.],
            [1.,2.,-7.]])
b= np.array([2., 1., -5.]).reshape(-1,1)
gauss_elimination(A,b)   ← 関数呼び出し
```

float 型（浮動小数点型）で入力（詳細は 3-5-3 項を参照）

```
array([[4.],
       [6.],
       [3.]])
```

　ガウスの消去法の実際の前進消去と後退代入を実行するプログラムは、gauss_elimination(A,b) という関数で定義しています。引数として、行列 A とベクトル b を NumPy の配列で与えるようになっています。

　「Ab=np.concatenate((A,b),axis=1)」は、NumPy の配列として与えられた行列 A とベクトル b を列方向で結合します。これについては、グラムシュミット直交化の計算のところ（3-5-3 項）で既出ですが、その機能についてはリスト 4-11 を参照してください。配列 A は $\begin{bmatrix} 2 & -3 & 4 \\ 1 & -1 & 1 \\ 1 & 2 & -7 \end{bmatrix}$、配列 b は $\begin{bmatrix} 2 \\ 1 \\ -5 \end{bmatrix}$ が格納されており、「concatenate」によって、変数 Ab に配列 $\begin{bmatrix} 2 & -3 & 4 & 2 \\ 1 & -1 & 1 & 1 \\ 1 & 2 & -7 & -5 \end{bmatrix}$ が格納されています。

▶リスト 4-11　concatenate の使い方

```
import numpy as np
A=np.array([[2.,-3.,4.],
            [1.,-1.,1.],
            [1.,2.,-7.]])
b= np.array([2., 1., -5.]).reshape(-1,1)

Ab=np.concatenate((A, b), axis=1)   ← [A|b]

Ab
```

```
array([[ 2., -3.,  4.,  2.],
       [ 1.,-1.,  1.,  1.],
       [ 1., 2., -7., -5.]])
```

　リスト 4-10 中の「N=Ab.shape[0]」のshapeは、配列 Ab の大きさを取得します。Ab は行方向で 3、列方向で 4 の大きさですが、ここでは行方向の大きさを取得するため「[0]」をつけています。つまり、変数 N には 3 が格納されています。もし列方向の大きさを取得する場合は、「[1]」と指定してください。

　また、「for i in range(1,N)」は、$1 \leq i < N$ の間で i に値を入れながら繰り返すということを表します。

　「Ab[j,:]」は配列 Ab の j 行目を抜き出すという意味です。同様に、「Ab[j,i-1]」は配列 Ab の j 行 i-1 列成分を意味します。

　関数 gauss_elimination は、戻り値として「Ab[:, N].reshape(-1,1)」を返します。つまり、配列 Ab の N 列目を抜き出し、「reshape(-1,1)」で列ベクトルに整理しています。

　本プログラムは、本項でこれまで説明してきたことと同様に動作するはずですので、一つひとつ確認してみてください。ただし、一つ注意事項として、プログラム内の配列の行と列の数え方は 0 から始まりますので、本項で「1 行目」と説明があった場所は 0 行目、「2 行目」は 1 行目、…などと読み替えてください。

4-4-2　階数（ランク）

　ここで、行列 A とベクトル b を列方向で結合した行列 $[A|b]$ について、もう一度前進消去を終えた状態を観察しましょう。

$$\left[\begin{array}{ccc|c} 2 & -3 & 4 & 2 \\ 0 & 0.5 & -1 & 0 \\ 0 & 0 & -2 & -6 \end{array} \right]$$

このような形を行階段形 (row echelon form) と呼びます。行階段形で、行のうちすべてが0ではない行の数を階数（ランク、rank）と呼びます。この例の場合、行列 A は 3×3 の正方行列、行列 A の階数は 3、行列 A とベクトル $\boldsymbol{b}$ を列方向で結合した行列 $[A|\boldsymbol{b}]$ の階数は 3 であり、結合した行列 $[A|\boldsymbol{b}]$ の階数と行列 A の階数は等しいことがわかります。この場合、連立1次方程式の解が存在しました。

　この階数を用いることで、連立1次方程式の解が存在するか、解が定まらない（不定）か、解が存在しない（不能）かを判断することができます。例を見ながら確かめていきましょう。

　例えば、次の連立1次方程式について考えます。

$$\begin{cases} 2x - 3y + 4z = 2 \\ x - y + z = 2 \\ 2x - 2y + 2z = 4 \end{cases}$$

この例では、第3式は第2式を両辺を2倍しただけでまったく同じです。この連立方程式は不定、つまり、解が定まりません。ガウスの消去法の前進消去を行うと、次のような行階段形ができます。

2行目 − 1行目 × 0.5 をし、それを 2行目と置き換え	3行目 − 1行目 × 0.5 をし、それを 3行目と置き換え	3行目 − 2行目 × 2 をし、それを 3行目と置き換え

$$\begin{bmatrix} 2 & -3 & 4 & 2 \\ 1 & -1 & 1 & 2 \\ 2 & -2 & 2 & 4 \end{bmatrix} \rightarrow \begin{bmatrix} 2 & -3 & 4 & 2 \\ 0 & 0.5 & -1 & 1 \\ 2 & -2 & 2 & 4 \end{bmatrix} \rightarrow \begin{bmatrix} 2 & -3 & 4 & 2 \\ 0 & 0.5 & -1 & 1 \\ 0 & 1 & -2 & 2 \end{bmatrix} \rightarrow \begin{bmatrix} 2 & -3 & 4 & 2 \\ 0 & 0.5 & -1 & 1 \\ 0 & 0 & 0 & 0 \end{bmatrix}$$

このとき、行列 A は 3×3 の正方行列で、行列 A の階数は 2、行列 A とベクトル $\boldsymbol{b}$ を列方向で結合した行列 $[A|\boldsymbol{b}]$ の階数は 2 であることがわかります。

　さらに例えば、次の連立1次方程式について考えます。

$$\begin{cases} 2x - 3y + 4z = 2 \\ x - y + z = 2 \\ 2x - 2y + 2z = 5 \end{cases}$$

ガウスの消去法の前進消去を行うと、次のような行階段形ができます。

2行目 − 1行目 × 0.5 をし、それを 2行目と置き換え	3行目 − 1行目 × 0.5 をし、それを 3行目と置き換え	3行目 − 2行目 × 2 をし、それを 3行目と置き換え

$$\begin{bmatrix} 2 & -3 & 4 & 2 \\ 1 & -1 & 1 & 2 \\ 2 & -2 & 2 & 5 \end{bmatrix} \rightarrow \begin{bmatrix} 2 & -3 & 4 & 2 \\ 0 & 0.5 & -1 & 1 \\ 2 & -2 & 2 & 5 \end{bmatrix} \rightarrow \begin{bmatrix} 2 & -3 & 4 & 2 \\ 0 & 0.5 & -1 & 1 \\ 0 & 1 & -2 & 3 \end{bmatrix} \rightarrow \begin{bmatrix} 2 & -3 & 4 & 2 \\ 0 & 0.5 & -1 & 1 \\ 0 & 0 & 0 & 1 \end{bmatrix}$$

3 行目が $0x + 0y + 0z = 1$ となってしまいました。これは、解が存在しないこと（不能）を示しています。このとき、行列 A は 3×3 の正方行列で、行列 A の階数は 2、行列 A とベクトル $\boldsymbol{b}$ を列方向で結合した行列 $[A|\boldsymbol{b}]$ の階数は 3 であることがわかります。

これらのことから、連立 1 次方程式 $A\boldsymbol{x} = \boldsymbol{b}$ の解は、次のように整理できます。

連立 1 次方程式 $A\boldsymbol{x} = \boldsymbol{b}$

A は $m \times n$ 行列、 $\boldsymbol{x}$ は n 次の列ベクトル、 $\boldsymbol{b}$ は m 次の列ベクトル

・行列 $[A|\boldsymbol{b}]$ の階数 = 行列 A の階数　のとき解は存在し、

　・行列 A の階数 $= n$ であれば、解は一意に定まる

　・行列 A の階数 $< n$ であれば、不定（解は一意に定まらない）

・行列 $[A|\boldsymbol{b}]$ の階数 $\neq$ 行列 A の階数　のとき不能（解は存在しない）

▶ **Python で計算してみよう**

次の三つの連立 1 次方程式について、解が一意に存在するか、不定か、不能かを判定してみましょう。

$$① \begin{cases} 2x - 3y + 4z = 2 \\ x - y + z = 1 \\ x + 2y - 7z = -5 \end{cases} \quad ② \begin{cases} 2x - 3y + 4z = 2 \\ x - y + z = 2 \\ 2x - 2y + 2z = 4 \end{cases} \quad ③ \begin{cases} 2x - 3y + 4z = 2 \\ x - y + z = 2 \\ 2x - 2y + 2z = 5 \end{cases}$$

例として、①の行列 A の階数と行列 $[A|\boldsymbol{b}]$ の階数を求めてみましょう。そのプログラムの前半をリスト 4-12 に示します。

▶ リスト 4-12　階数（ランク）の求め方

```
import numpy as np
A=np.array([[2.,-3.,4.],
            [1.,-1.,1.],
            [1.,2.,-7.]])
b= np.array([2., 1., -5.]).reshape(-1,1)
```

```
# 行列Aの大きさを求める
A.shape
```

```
(3, 3)
```

```
# 行列Aの階数（ランク）を求める
np.linalg.matrix_rank(A)
```

```
3
```

```
# 行列Aとベクトルbを列方向で結合する
Ab=np.concatenate((A, b), axis=1)
Ab
```

```
array([[ 2., -3.,  4.,  2.],
       [ 1.,-1.,  1.,  1.],
       [ 1., 2., -7., -5.]])
```

```
# 行列[A|b]の階数(ランク)を求める
np.linalg.matrix_rank(Ab)
```

```
3
```

　行列 A の大きさはこの例ではすぐにわかりますが、Python では「A.shape」で導出可能です。つまり、3×3 行列であることがわかります。行列 A の階数は「np.linalg.matrix_rank(A)」で求めることができます。また、行列 $[A|b]$ は「Ab=np.concatenate((A, b), axis=1)」で実現できます。さらに、行列 $[A|b]$ の階数は、変数 Ab を用いて「np.linalg.matrix_rank(Ab)」で求めることができます。

　続いて、連立 1 次方程式について解が一意に存在するか、不定か、不能かを判定する関数 sol_dec をリスト 4-13 に示します。

▶リスト 4-13　解が一意に存在/不定/不能の判定プログラム

```
import numpy as np
def sol_dec(A,b):
  # 行列Aの大きさ(列)を求める
  N=A.shape[1]

  # 行列Aの階数(ランク)を求める
  A_rank=np.linalg.matrix_rank(A)

  # 行列Aとベクトルbを列方向で結合して、階数(ランク)を求める
  Ab=np.concatenate((A, b), axis=1)
  Ab_rank=np.linalg.matrix_rank(Ab)

  if Ab_rank==A_rank:
    if A_rank == N:
      print('解が一意に定まる')
    else:
      print('不定')
  else:
    print('不能')
```
判定する関数の定義

```
A=np.array([[2.,-3.,4.],
            [1.,-1.,1.],
            [1.,2.,-7.]])
b= np.array([2., 1., -5.]).reshape(-1,1)
sol_dec(A,b)
```
①の判定

解が一意に定まる

```
A=np.array([[2.,-3.,4.],
            [1.,-1.,1.],
            [2.,-2.,2.]])
b= np.array([2., 2., 4.]).reshape(-1,1)
sol_dec(A,b)
```
②の判定

不定

```
A=np.array([[2.,-3.,4.],
            [1.,-1.,1.],
            [2.,-2.,2.]])
b= np.array([2., 2., 5.]).reshape(-1,1)
sol_dec(A,b)
```
③の判定

不能

　if文を用いて、まずは行列 $[A|b]$ の階数と行列 A の階数が等しいかどうかを判別し、等しくなければ「不能」と判定します。等しければ、行列 A の階数が行列 A の列の大きさと等しければ「解が一意に定まる」と判定し、そうでなければ「不定」と判定します。プログラムでも、上記と同様に、①、②、③の連立1次方程式をそれぞれ、「解が一意に定まる」、「不定」、「不能」と判定できています。

4-5　行列の基本演算

　ここまで行列の性質について、連立1次方程式に関する解法を通じて示してきましたが、肝心の行列の基本演算を後回しにしてきました。本節では、行列の基本演算を一気に押さえることとします。行列の基本演算としては以下が挙げられます。

- 行列の和・差
- 行列のスカラー倍
- 行列とベクトルの積
- 行列と行列の積

4-5-1　行列の和・差

行列の和・差は次のように定義されます。ただし、同じ大きさの行列同士でないと定義されないので注意しましょう。

$$A = \begin{bmatrix} a_{11} & a_{12} & \cdots & a_{1n} \\ a_{21} & a_{22} & \cdots & a_{2n} \\ \vdots & \vdots & & \vdots \\ a_{m1} & a_{m2} & \cdots & a_{mn} \end{bmatrix}, B = \begin{bmatrix} b_{11} & b_{12} & \cdots & b_{1n} \\ b_{21} & b_{22} & \cdots & b_{2n} \\ \vdots & \vdots & & \vdots \\ b_{m1} & b_{m2} & \cdots & b_{mn} \end{bmatrix} \text{について、}$$

$$A \pm B = \begin{bmatrix} a_{11} \pm b_{11} & a_{12} \pm b_{12} & \cdots & a_{1n} \pm b_{1n} \\ a_{21} \pm b_{21} & a_{22} \pm b_{22} & \cdots & a_{2n} \pm b_{2n} \\ \vdots & \vdots & & \vdots \\ a_{m1} \pm b_{m1} & a_{m2} \pm b_{m2} & \cdots & a_{mn} \pm b_{mn} \end{bmatrix} \tag{4-20}$$

4-5-2　行列のスカラー倍

$$A = \begin{bmatrix} a_{11} & a_{12} & \cdots & a_{1n} \\ a_{21} & a_{22} & \cdots & a_{2n} \\ \vdots & \vdots & & \vdots \\ a_{m1} & a_{m2} & \cdots & a_{mn} \end{bmatrix} \text{とスカラー } k \text{ について、}$$

$$kA = \begin{bmatrix} ka_{11} & ka_{12} & \cdots & ka_{1n} \\ ka_{21} & ka_{22} & \cdots & ka_{2n} \\ \vdots & \vdots & & \vdots \\ ka_{m1} & ka_{m2} & \cdots & ka_{mn} \end{bmatrix} \tag{4-21}$$

▶ Python で計算してみよう

行列の和・差、スカラー倍について、下記を実際に Python で確かめてみましょう。

$$A = \begin{bmatrix} 2 & -3 & 4 \\ 1 & -1 & 1 \\ 1 & 2 & -7 \end{bmatrix}, B = \begin{bmatrix} 1 & 2 & -5 \\ 2 & 3 & -7 \\ 4 & -1 & 7 \end{bmatrix}, k = 10 \text{ のとき}$$

・$A + B = \begin{bmatrix} 3 & -1 & -1 \\ 3 & 2 & -6 \\ 5 & 1 & 0 \end{bmatrix}, A - B = \begin{bmatrix} 1 & -5 & 9 \\ -1 & -4 & 8 \\ -3 & 3 & -14 \end{bmatrix}$

・$kA = \begin{bmatrix} 20 & -30 & 40 \\ 10 & -10 & 10 \\ 10 & 20 & -70 \end{bmatrix}$

　リスト 4-14 に Python のプログラムを示します。このように、通常の（あるいはベクトルの演算と同様に、）四則演算の記号を使えば計算することができます。

▶リスト 4-14　行列の和・差、スカラー倍

```
import numpy as np

A = np.array([
    [ 2., -3., 4.],
    [ 1., -1., 1.],
    [ 1., 2., -7.],
])
B = np.array([
    [ 1., 2., -5.],
    [ 2., 3., -7.],
    [ 4., -1., 7.],
])
k=10
```

```
A+B
```

```
array([[ 3., -1., -1.],
    [ 3., 2., -6.],
    [ 5., 1., 0.]])
```

```
A-B
```

```
array([[ 1., -5., 9.],
    [ -1., -4., 8.],
    [ -3., 3.,-14.]])
```

```
k*A
```

```
array([[ 20.,-30., 40.],
    [ 10.,-10., 10.],
    [ 10., 20.,-70.]])
```

4-5-3　行列の和とスカラー倍の性質

　行列 A, B, C をそれぞれ $m \times n$ 行列、k, l をスカラーとするとき、行列の和とスカラー倍には、次の性質があります。

(1) $(A+B)+C = A+(B+C)$　（結合法則）
(2) $A+B = B+A$　（交換法則）

(3) $A + O = O + A = A$　（O は零行列（すべての成分が0の行列））

(4) $A + (-A) = (-A) + A = O$

(5) $k(A + B) = kA + kB$　（分配法則）

(6) $(k + l)A = kA + lA$　（分配法則）

(7) $(kl)A = k(lA)$　（結合法則）

▶Python で計算してみよう

行列の和、スカラー倍の性質について、下記を実際に Python で計算してみましょう。まず、リスト 4-15 に示すように、$A = \begin{bmatrix} 4 & -7 & 4 \\ 1 & 1 & -1 \\ 2 & 5 & -8 \end{bmatrix}$, $B = \begin{bmatrix} 1 & 2 & -5 \\ 2 & 3 & -7 \\ 4 & -1 & 7 \end{bmatrix}$, $C = \begin{bmatrix} -1 & -2 & -3 \\ 2 & 3 & 1 \\ 3 & 1 & 2 \end{bmatrix}$, $O = \begin{bmatrix} 0 & 0 & 0 \\ 0 & 0 & 0 \\ 0 & 0 & 0 \end{bmatrix}$, $k = 10$, $l = 4$ を設定します。ここで、「O=np.zeros((3,3),)」は、3×3 の零行列を O に格納します。

▶リスト 4-15　行列の和、スカラー倍の性質を確かめるための設定

```python
import numpy as np

A = np.array([
    [ 4., -7., 4.],
    [ 1., 1., -1.],
    [ 2., 5., -8.],
])

B = np.array([
    [ 1., 2., -5.],
    [ 2., 3., -7.],
    [ 4., -1., 7.],
])

C = np.array([
    [ -1., -2., -3.],
    [ 2., 3., 1.],
    [ 3., 1., 2.],
])

O=np.zeros((3,3),)

k=10
```

```
l=4
```

```
0
```

```
array([[0., 0., 0.],
    [0., 0., 0.],
    [0., 0., 0.]])
```

次に、(1)「$(A+B)+C=A+(B+C)$（結合法則）」と(5)「$k(A+B)=kA+kB$（分配法則）」の結果のみを示します。

(1) をリスト 4-16 で示します。「(A+B)+C」、「A+(B+C)」ともに、同じ値になっていることが確かめられます。

▶リスト 4-16　行列の和、スカラー倍の性質（結合法則）

```
(A+B)+C
```

```
array([[ 4., -7., -4.],
    [ 5., 7., -7.],
    [ 9., 5.,  1.]])
```

```
A+(B+C)
```

```
array([[ 4., -7., -4.],
    [ 5., 7., -7.],
    [ 9., 5.,  1.]])
```

(5) を確認するプログラムをリスト 4-17 に示します。スカラーと行列の積は「*」を使うため、「k*(A+B)」、「k*A+k*B」と記述します。その結果、両方が同じ行列となることが確かめられます。

▶リスト 4-17　行列と和、スカラー倍の性質（分配法則）

```
k*(A+B)
```

```
array([[ 50., -50., -10.],
    [ 30., 40., -80.],
    [ 60., 40., -10.]])
```

```
k*A+k*B
```

```
array([[ 50., -50., -10.],
    [ 30., 40., -80.],
    [ 60., 40., -10.]])
```

(2)～(4)、(6)、(7) についても同様に実行できますので、試してみましょう。

4-5-4　行列とベクトルの積

$m \times n$ 行列と n 次の列ベクトルの積は、以下のように定義できます。

$$
A = \begin{bmatrix} a_{11} & a_{12} & \cdots & a_{1n} \\ a_{21} & a_{22} & \cdots & a_{2n} \\ \vdots & \vdots & & \vdots \\ a_{m1} & a_{m2} & \cdots & a_{mn} \end{bmatrix}, \; \boldsymbol{x} = \begin{bmatrix} x_1 \\ x_2 \\ \vdots \\ x_n \end{bmatrix} \text{について、}
$$

$$
A\boldsymbol{x} = \begin{bmatrix} a_{11}x_1 + a_{12}x_2 + \cdots + a_{1n}x_n \\ a_{21}x_1 + a_{22}x_2 + \cdots + a_{2n}x_n \\ \vdots \\ a_{m1}x_1 + a_{m2}x_2 + \cdots + a_{mn}x_n \end{bmatrix} \tag{4-22}
$$

少しややこしく見えますが、図4-6 の例を見ればそれほど難しい計算ではありません。

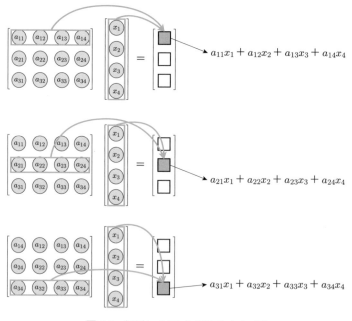

図4-6　行列とベクトルの積のイメージ

行列とベクトルの積について、下記を実際に Python で確かめてみましょう。

$$A = \begin{bmatrix} 2 & -3 & 4 \\ 1 & -1 & 1 \\ 1 & 2 & -7 \end{bmatrix}, B = \begin{bmatrix} 1 & 2 & -5 \\ 2 & 3 & -7 \end{bmatrix}, \boldsymbol{x} = \begin{bmatrix} 1 \\ 2 \\ 3 \end{bmatrix}$$ について、

$$\cdot A\boldsymbol{x} = \begin{bmatrix} 2 & -3 & 4 \\ 1 & -1 & 1 \\ 1 & 2 & -7 \end{bmatrix}\begin{bmatrix} 1 \\ 2 \\ 3 \end{bmatrix} = \begin{bmatrix} 2\times1+(-3)\times2+4\times3 \\ 1\times1+(-1)\times2+1\times3 \\ 1\times1+2\times2+(-7)\times3 \end{bmatrix} = \begin{bmatrix} 8 \\ 2 \\ -16 \end{bmatrix}$$

$$\cdot B\boldsymbol{x} = \begin{bmatrix} 1 & 2 & -5 \\ 2 & 3 & -7 \end{bmatrix}\begin{bmatrix} 1 \\ 2 \\ 3 \end{bmatrix} = \begin{bmatrix} 1\times1+2\times2+(-5)\times3 \\ 2\times1+3\times2+(-7)\times3 \end{bmatrix} = \begin{bmatrix} -10 \\ -13 \end{bmatrix}$$

リスト 4-18 に Python のプログラムを示します。行列とベクトルの積は、NumPy の dot を用いて計算することができます。

▶リスト 4-18　行列とベクトルの積

```
import numpy as np

A = np.array([
    [ 2., -3., 4.],
    [ 1., -1., 1.],
    [ 1., 2., -7.],
])
B = np.array([
    [ 1., 2., -5.],
    [ 2., 3., -7.],
])
x = np.array([1., 2., 3.]).reshape(-1,1)
```

```
np.dot(A,x)    ← Ax
```

```
array([[ 8.],
    [ 2.],
    [-16.]])
```

```
np.dot(B,x)    ← Bx
```

```
array([[-10.],
    [-13.]])
```

4-5-5 行列と行列の積

　行列と行列の積は、$l \times m$ 行列 A と $m \times n$ 行列 B の場合のみ定義されます。つまり、行列 A の列の大きさと行列 B の行の大きさが同じでなければ計算ができません。具体的には以下のように定義されます。

$$A = \begin{bmatrix} a_{11} & a_{12} & \cdots & a_{1m} \\ a_{21} & a_{22} & \cdots & a_{2m} \\ \vdots & \vdots & & \vdots \\ a_{l1} & a_{l2} & \cdots & a_{lm} \end{bmatrix}, B = \begin{bmatrix} b_{11} & b_{12} & \cdots & b_{1n} \\ b_{21} & b_{22} & \cdots & b_{2n} \\ \vdots & \vdots & & \vdots \\ b_{m1} & b_{m2} & \cdots & b_{mn} \end{bmatrix} について、$$

$$AB = \begin{bmatrix} c_{11} & c_{12} & \cdots & c_{1n} \\ c_{21} & c_{22} & \cdots & c_{2n} \\ \vdots & \vdots & & \vdots \\ c_{l1} & c_{l2} & \cdots & c_{ln} \end{bmatrix}, \quad c_{ij} = \sum_{k=1}^{m} a_{ik} b_{kj} = a_{i1}b_{1j} + a_{i2}b_{2j} + \cdots a_{im}b_{mj}$$

少しややこしく見えますが、図 4-7 の例を見ればそれほど難しい計算ではありません。

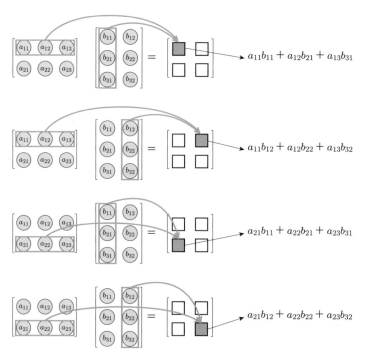

図 4-7　行列と行列の積のイメージ

▶ Python で計算してみよう

行列と行列の積について、下記を実際に Python で確認してみましょう。

$A = \begin{bmatrix} 1 & 3 \\ 2 & 2 \\ 3 & -1 \end{bmatrix}, B = \begin{bmatrix} 1 & 2 & 3 \\ 1 & 1 & -1 \end{bmatrix}$ について、

$\cdot\ AB = \begin{bmatrix} 1 & 3 \\ 2 & 2 \\ 3 & -1 \end{bmatrix}\begin{bmatrix} 1 & 2 & 3 \\ 1 & 1 & -1 \end{bmatrix}$

$= \begin{bmatrix} 1\times1+3\times1 & 1\times2+3\times1 & 1\times3+3\times(-1) \\ 2\times1+2\times1 & 2\times2+2\times1 & 2\times3+2\times(-1) \\ 3\times1+(-1)\times1 & 3\times2+(-1)\times1 & 3\times3+(-1)\times(-1) \end{bmatrix}$

$= \begin{bmatrix} 4 & 5 & 0 \\ 4 & 6 & 4 \\ 2 & 5 & 10 \end{bmatrix}$

$\cdot\ BA = \begin{bmatrix} 1 & 2 & 3 \\ 1 & 1 & -1 \end{bmatrix}\begin{bmatrix} 1 & 3 \\ 2 & 2 \\ 3 & -1 \end{bmatrix}$

$= \begin{bmatrix} 1\times1+2\times2+3\times3 & 1\times3+2\times2+3\times(-1) \\ 1\times1+1\times2+(-1)\times3 & 1\times3+1\times2+(-1)\times(-1) \end{bmatrix} = \begin{bmatrix} 14 & 4 \\ 0 & 6 \end{bmatrix}$

このように、$AB \neq BA$ となります。

リスト 4-19 に Python のプログラムを示します。行列と行列の積も、NumPy の dot を用いて計算することができます。

▶リスト 4-19　行列と行列の積

```python
import numpy as np

A = np.array([
    [ 1., 3.],
    [ 2., 2.],
    [ 3., -1.],
])
B = np.array([
    [ 1., 2., 3.],
    [ 1., 1., -1.],
])
```

```python
np.dot(A,B)    ← AB
```

```
array([[ 4.,  5.,  0.],
    [ 4., 6.,  4.],
    [ 2., 5., 10.]])
```

np.dot(B,A)   ← *BA*

```
array([[14.,  4.],
    [ 0.,  6.]])
```

4-5-6　行列と行列の積の性質

行列と行列の積には下記のような性質があります。

(1) $(AB)C = A(BC)$　（結合法則）

(2) $A(B+C) = AB + AC$　（分配法則）

(3) $(A+B)C = AC + BC$　（分配法則）

(4) $AB \neq BA$　（一般に交換法則は成り立たない）

(5) $AE = EA = A$　（E は単位行列）

(6) $AO = OA = O$　（O は零行列）

(7) $A \neq O,\ B \neq O$ でも、$AB = O$ になることがある

▶Python で計算してみよう

行列と行列の積の性質について、下記を実際にPythonで計算してみましょう。リスト 4-20 に示すように、$A = \begin{bmatrix} 4 & -7 & 4 \\ 1 & 1 & -1 \\ 2 & 5 & -8 \end{bmatrix}$, $B = \begin{bmatrix} 1 & 2 & -5 \\ 2 & 3 & -7 \\ 4 & -1 & 7 \end{bmatrix}$, $C = \begin{bmatrix} -1 & -2 & -3 \\ 2 & 3 & 1 \\ 3 & 1 & 2 \end{bmatrix}$, $O = \begin{bmatrix} 0 & 0 & 0 \\ 0 & 0 & 0 \\ 0 & 0 & 0 \end{bmatrix}$, $E = \begin{bmatrix} 1 & 0 & 0 \\ 0 & 1 & 0 \\ 0 & 0 & 1 \end{bmatrix}$ を設定します。ここで、「O=np.zeros((3,3),)」は 3×3 の零行列を O に格納します。また、「E=np.eye(3)」は 3×3 の単位行列を E に格納しています。

▶リスト 4-20　行列と行列の積の性質を確かめるための設定

```
import numpy as np

A = np.array([
    [ 4., -7., 4.],
    [ 1., 1., -1.],
```

```
    [ 2., 5., -8.],
])

B = np.array([
    [ 1., 2., -5.],
    [ 2., 3., -7.],
    [ 4., -1., 7.],
])

C = np.array([
    [ -1., -2., -3.],
    [ 2., 3., 1.],
    [ 3., 1., 2.],
])
```

```
O=np.zeros((3,3),)
```

```
E=np.eye(3)
```

```
O
```

```
array([[0., 0., 0.],
    [0., 0., 0.],
    [0., 0., 0.]])
```

```
E
```

```
array([[1., 0., 0.],
    [0., 1., 0.],
    [0., 0., 1.]])
```

ここでは、(1)「$(AB)C = A(BC)$（結合法則）」と (7)「$A \neq O$, $B \neq O$ でも、$AB = O$ になることがある」の結果のみを示します。

(1) をリスト 4-21 で示します。$(AB)C$ を「np.dot(np.dot(A,B),C)」、$A(BC)$ を「np.dot(A,np.dot(B,C))」と入れ子に書くことに注意してください。両方とも同じ行列が出力されています。

▶リスト 4-21　行列と行列の積の性質（結合法則）

```
np.dot(np.dot(A,B),C)    ← (AB)C
```

```
array([[ 131.,  -6., 79.],
    [ -44.,   1., -29.],
    [-229.,  20.,-115.]])
```

```
np.dot(A,np.dot(B,C))   ← A(BC)
```

```
array([[ 131.,  -6., 79.],
    [ -44.,  1., -29.],
    [-229.,  20.,-115.]])
```

(2)〜(6) も同様に実行できますので、試してみましょう ((4) については、リスト 4-19 でも確認しました)。

(7) の例として、$X = \begin{bmatrix} 1 & 1 \\ 1 & 1 \end{bmatrix}, Y = \begin{bmatrix} -1 & -1 \\ 1 & 1 \end{bmatrix}$ の積 XY を計算することにしましょう。その結果をリスト 4-22 に示します。これより、零行列になったことが確認できます。

▶リスト 4-22　行列と行列の積の性質（零行列になる場合）

```
import numpy as np

X = np.array([
    [ 1., 1.],
    [ 1., 1.]
])

Y = np.array([
    [ -1., -1.],
    [ 1., 1.]
])
```

```
np.dot(X,Y)   ← XY
```

```
array([[0., 0.],
    [0., 0.]])
```

> 一歩深く　・・・・　補足：2 × 2 行列の逆行列を求める

4-3-1 項では、2 × 2 行列の逆行列を公式として与えましたが、逆行列の定義、単位行列の性質、行列と行列の積を組み合わせれば導出することが可能です。

行列 $A = \begin{bmatrix} a_{11} & a_{12} \\ a_{21} & a_{22} \end{bmatrix}$ の逆行列 $X = \begin{bmatrix} x_{11} & x_{12} \\ x_{21} & x_{22} \end{bmatrix}$ を求めていきます。逆行列の定義から、$AX = E$ を解くことになります。

$AX = E$ は $\begin{bmatrix} a_{11} & a_{12} \\ a_{21} & a_{22} \end{bmatrix} \begin{bmatrix} x_{11} & x_{12} \\ x_{21} & x_{22} \end{bmatrix} = \begin{bmatrix} 1 & 0 \\ 0 & 1 \end{bmatrix}$ となり、左辺を行列と行列の積の計算

で展開すると、

$$\begin{bmatrix} a_{11} & a_{12} \\ a_{21} & a_{22} \end{bmatrix}\begin{bmatrix} x_{11} & x_{12} \\ x_{21} & x_{22} \end{bmatrix}=\begin{bmatrix} a_{11}x_{11}+a_{12}x_{21} & a_{11}x_{12}+a_{12}x_{22} \\ a_{21}x_{11}+a_{22}x_{21} & a_{21}x_{12}+a_{22}x_{22} \end{bmatrix}$$

となります。よって、

$$\begin{bmatrix} a_{11}x_{11}+a_{12}x_{21} & a_{11}x_{12}+a_{12}x_{22} \\ a_{21}x_{11}+a_{22}x_{21} & a_{21}x_{12}+a_{22}x_{22} \end{bmatrix}=\begin{bmatrix} 1 & 0 \\ 0 & 1 \end{bmatrix}$$

となり、連立方程式として書くと、

$$\begin{cases} a_{11}x_{11}+a_{12}x_{21}=1 & \cdots① \\ a_{11}x_{12}+a_{12}x_{22}=0 & \cdots② \\ a_{21}x_{11}+a_{22}x_{21}=0 & \cdots③ \\ a_{21}x_{12}+a_{22}x_{22}=1 & \cdots④ \end{cases}$$

を解くことになります。

式①×a_{22} − 式③×a_{12} を計算すると、下記のように計算ができます。

$$a_{11}a_{22}x_{11}+a_{12}a_{22}x_{21}=a_{22}$$
$$\underline{a_{12}a_{21}x_{11}+a_{12}a_{22}x_{21}=0}$$
$$(a_{11}a_{22}-a_{12}a_{21})x_{11}=a_{22}$$
$$x_{11}=\frac{a_{22}}{a_{11}a_{22}-a_{12}a_{21}}\ (a_{11}a_{22}-a_{12}a_{21}\neq 0 \text{のとき})$$

他の x_{12},x_{21},x_{22} も同様に、$a_{11}a_{22}-a_{12}a_{21}\neq 0$ のとき、下記のように導出できます。

$$x_{12}=\frac{-a_{12}}{a_{11}a_{22}-a_{12}a_{21}},\quad x_{21}=\frac{-a_{21}}{a_{11}a_{22}-a_{12}a_{21}},\quad x_{22}=\frac{a_{11}}{a_{11}a_{22}-a_{12}a_{21}}$$

よって、行列 A の逆行列は、$X=\dfrac{1}{a_{11}a_{22}-a_{12}a_{21}}\begin{bmatrix} a_{22} & -a_{12} \\ -a_{21} & a_{11} \end{bmatrix}$ となり、式 (4-5) と同じになることを確認できました。

▶Python で計算してみよう

上記の $\begin{cases} a_{11}x_{11}+a_{12}x_{21}=1\cdots① \\ a_{11}x_{12}+a_{12}x_{22}=0\cdots② \\ a_{21}x_{11}+a_{22}x_{21}=0\cdots③ \\ a_{21}x_{12}+a_{22}x_{22}=1\cdots④ \end{cases}$ のような記号ばかりの連立 1 次方程式でも、

Python のライブラリ SymPy を使えば簡単に求めることができます。SymPy を使えば、記号による演算、代数演算を実行することができます。

▶リスト4-23　記号からなる連立1次方程式を解く

```
import sympy sp np                                    連立1次方程式に出現する記号を定義
sp.var('x11, x12, x21, x22, a11, a12, a21, a22')
eq1=sp.Eq(a11*x11+a12*x21,1)
eq2=sp.Eq(a11*x12+a12*x22,0)
eq3=sp.Eq(a21*x11+a22*x21,0)
eq4=sp.Eq(a21*x12+a22*x22,1)
sp.solve([eq1, eq2, eq3, eq4], [x11, x12, x21, x22])
```

$$\begin{cases} a_{11}x_{11} + a_{12}x_{21} = 1 \cdots ① \\ a_{11}x_{12} + a_{12}x_{22} = 0 \cdots ② \\ a_{21}x_{11} + a_{22}x_{21} = 0 \cdots ③ \\ a_{21}x_{12} + a_{22}x_{22} = 1 \cdots ④ \end{cases}$$

```
{x11: a22/(a11*a22 - a12*a21),
 x12: -a12/(a11*a22 - a12*a21),
 x21: -a21/(a11*a22 - a12*a21),
 x22: a11/(a11*a22 - a12*a21)}
```

上記で定義した式を x_{11}, x_{12}, x_{21}, x_{22} について解く

「sp.var('x11, x12, x21, x22, a11, a12, a21, a22')」は、式中に出現するすべての記号を定義しています。その後、

```
eq1=sp.Eq(a11*x11+a12*x21, 1)
eq2=sp.Eq(a11*x12+a12*x22, 0)
eq3=sp.Eq(a21*x11+a22*x21, 0)
eq4=sp.Eq(a21*x12+a22*x22, 1)
```

という形で式を定義します。sp.Eq(**左辺**, **右辺**) という形で書いていくことができます。ここで定義した eq1, eq2, eq3, eq4 の式を x11, x12, x21, x22 について解くためには、「sp.solve ([eq1, eq2, eq3, eq4], [x11, x12, x21, x22])」とします。結果、

```
\{x11: a22/(a11*a22-a12*a21),
 x12: -a12/(a11*a22-a12*a21),
 x21: -a21/(a11*a22-a12*a21),
 x22: a11/(a11*a22-a12*a21)\}
```

となり、確かに上記で計算したのと同じ答えになります。

5章

線形写像/線形変換

　本章では、線形写像/線形変換について話を進めることにしましょう。線形写像/線形変換は2章の図2-2のイメージを一番よく表す概念でもあります。5-1節では、線形写像/線形変換の定義を示します。5-2節では、写像の合成について示します。5-3節では、具体的な線形写像の例として、画像の色から言葉を抽出するプログラムを体験することにより、理解を深めていくことにしましょう。

5-1　線形写像/線形変換

　線形写像/線形変換の定義は次のとおりです。

　二つの集合 U, V において、U の一つの要素を決めたとき、それに対する V の要素がただ一つ決まるとき、この対応を U から V への写像といい、$f: U \to V$ と表現します。さらに、U, V がベクトル空間であり、f が任意の U の要素 $\boldsymbol{x}, \boldsymbol{y}$ について次を満たすとき、f を線形写像 (linear mapping) といいます。

$$\bullet\ f(\boldsymbol{x} + \boldsymbol{y}) = f(\boldsymbol{x}) + f(\boldsymbol{y}) \tag{5-1}$$

$$\bullet\ f(k\boldsymbol{x}) = kf(\boldsymbol{x}) \quad (k \text{ は実数}) \tag{5-2}$$

　特に、線形写像 $f: U \to V$ において、ベクトル空間 U, V が同じものであるとき、f を線形変換 (linear transformation) といいます。

　線形写像/線形変換の例をいくつか示していきましょう。定義では非常に難しく感じますが、実は非常にシンプルなことです。

　ここで、R とは実数全体の集合を意味します。R^n はすべての成分が実数で構成される n 次ベクトル全体の集合である、n 次元実ベクトル空間を意味します。また、$f: R^n \to R^m$ は、n 次元実ベクトル空間から m 次元実ベクトル空間への写像を意味します。

● 例1　1次元ベクトル空間から1次元ベクトル空間への線形変換 $f: R^1 \to R^1$

　例えば、$f(x) = 3x$ は線形変換ですが、実際に式 (5-1)、(5-2) が成り立つかどうか、確認していきたいと思います。

　$f(x + y) = f(x) + f(y)$ を満たすか、$x = 2, y = 3$ で試してみます。

$$f(x + y) = f(2 + 3) = f(5) = 3 \times 5 = 15$$
$$f(x) + f(y) = f(2) + f(3) = 3 \times 2 + 3 \times 3 = 15$$

となるため、$f(x + y) = f(x) + f(y)$ を満たします。

$f(kx) = kf(x)$ を満たすか、$x = 2$, $k = 5$ で試してみます。

$$f(kx) = f(5 \times 2) = f(10) = 3 \times 10 = 30$$
$$kf(x) = 5f(2) = 5 \times 3 \times 2 = 30$$

となるため、$f(kx) = kf(x)$ を満たします。

●**例2**　2次元ベクトル空間から1次元ベクトル空間への線形写像 $f: R^2 \to R^1$

例えば、$\boldsymbol{x} = \begin{bmatrix} x_1 \\ x_2 \end{bmatrix}$, $f(\boldsymbol{x}) = 2x_1 + 3x_2$ は線形変換ですが、実際に式 (5-1)、(5-2) が成り立つかどうか、確認していきましょう。

$f(\boldsymbol{x} + \boldsymbol{y}) = f(\boldsymbol{x}) + f(\boldsymbol{y})$ を満たすか、$\boldsymbol{x} = \begin{bmatrix} 1 \\ 2 \end{bmatrix}$, $\boldsymbol{y} = \begin{bmatrix} 2 \\ 3 \end{bmatrix}$ で試してみます。

$$f(\boldsymbol{x} + \boldsymbol{y}) = f\left(\begin{bmatrix} 1 \\ 2 \end{bmatrix} + \begin{bmatrix} 2 \\ 3 \end{bmatrix}\right) = f\left(\begin{bmatrix} 3 \\ 5 \end{bmatrix}\right) = 2 \times 3 + 3 \times 5 = 21$$
$$f(\boldsymbol{x}) + f(\boldsymbol{y}) = f\left(\begin{bmatrix} 1 \\ 2 \end{bmatrix}\right) + f\left(\begin{bmatrix} 2 \\ 3 \end{bmatrix}\right)$$
$$= (2 \times 1 + 3 \times 2) + (2 \times 2 + 3 \times 3) = 8 + 13 = 21$$

となるため、$f(\boldsymbol{x} + \boldsymbol{y}) = f(\boldsymbol{x}) + f(\boldsymbol{y})$ を満たします。

$f(k\boldsymbol{x}) = kf(\boldsymbol{x})$ を満たすか、$\boldsymbol{x} = \begin{bmatrix} 1 \\ 2 \end{bmatrix}$, $k = 5$ で試してみます。

$$f(k\boldsymbol{x}) = f\left(5 \times \begin{bmatrix} 1 \\ 2 \end{bmatrix}\right) = f\left(\begin{bmatrix} 5 \\ 10 \end{bmatrix}\right) = 2 \times 5 + 3 \times 10 = 40$$
$$kf(\boldsymbol{x}) = 5f\left(\begin{bmatrix} 1 \\ 2 \end{bmatrix}\right) = 5(2 \times 1 + 3 \times 2) = 5 \times 8 = 40$$

となるため、$f(k\boldsymbol{x}) = kf(\boldsymbol{x})$ を満たします。

ここで、$\boldsymbol{x} = \begin{bmatrix} x_1 \\ x_2 \end{bmatrix}$, $f(\boldsymbol{x}) = 2x_1 + 3x_2$ の別の表現方法を考えてみましょう。$A = [2 \quad 3]$

$(1 \times 2$ 行列$)$ と $\boldsymbol{x} = \begin{bmatrix} x_1 \\ x_2 \end{bmatrix}$ $(2$ 個の成分からなる列ベクトル$)$ を用いて、行列とベクト

ルの積を考えると、$f(\boldsymbol{x}) = A\boldsymbol{x}$ と表すことができます。例えば、$\boldsymbol{x} = \begin{bmatrix} 1 \\ 2 \end{bmatrix}$ とすると、

$$A\boldsymbol{x} = [2 \quad 3] \begin{bmatrix} 1 \\ 2 \end{bmatrix} = 2 \times 1 + 3 \times 2 = 8$$

$$f(\boldsymbol{x}) = 2x_1 + 3x_2 = 2 \times 1 + 3 \times 2 = 8$$

となり、一致することがわかります。

● 例3　2 次元ベクトル空間から 2 次元ベクトル空間への線形変換 $f: R^2 \to R^2$

　例えば、$\boldsymbol{x} = \begin{bmatrix} x_1 \\ x_2 \end{bmatrix}, f(\boldsymbol{x}) = \begin{bmatrix} 2x_1 - x_2 \\ x_1 + 2x_2 \end{bmatrix}$ という線形変換について、式 (5-1)、(5-2)

を確認していきましょう。

　$f(\boldsymbol{x} + \boldsymbol{y}) = f(\boldsymbol{x}) + f(\boldsymbol{y})$ を満たすか、$\boldsymbol{x} = \begin{bmatrix} 1 \\ 2 \end{bmatrix}, \boldsymbol{y} = \begin{bmatrix} 2 \\ 3 \end{bmatrix}$ で試してみます。

$$f(\boldsymbol{x} + \boldsymbol{y}) = f\left(\begin{bmatrix} 1 \\ 2 \end{bmatrix} + \begin{bmatrix} 2 \\ 3 \end{bmatrix} \right) = f\left(\begin{bmatrix} 3 \\ 5 \end{bmatrix} \right) = \begin{bmatrix} 2 \times 3 - 5 \\ 3 + 2 \times 5 \end{bmatrix} = \begin{bmatrix} 1 \\ 13 \end{bmatrix}$$

$$f(\boldsymbol{x}) + f(\boldsymbol{y}) = f\left(\begin{bmatrix} 1 \\ 2 \end{bmatrix} \right) + f\left(\begin{bmatrix} 2 \\ 3 \end{bmatrix} \right)$$

$$= \begin{bmatrix} 2 \times 1 - 2 \\ 1 + 2 \times 2 \end{bmatrix} + \begin{bmatrix} 2 \times 2 - 3 \\ 2 + 2 \times 3 \end{bmatrix} = \begin{bmatrix} 0 \\ 5 \end{bmatrix} + \begin{bmatrix} 1 \\ 8 \end{bmatrix} = \begin{bmatrix} 1 \\ 13 \end{bmatrix}$$

となるため、$f(\boldsymbol{x} + \boldsymbol{y}) = f(\boldsymbol{x}) + f(\boldsymbol{y})$ を満たします。

　$f(k\boldsymbol{x}) = kf(\boldsymbol{x})$ を満たすか、$\boldsymbol{x} = \begin{bmatrix} 1 \\ 2 \end{bmatrix}, k = 5$ で試してみます。

$$f(k\boldsymbol{x}) = f\left(5 \times \begin{bmatrix} 1 \\ 2 \end{bmatrix} \right) = f\left(\begin{bmatrix} 5 \\ 10 \end{bmatrix} \right) = \begin{bmatrix} 2 \times 5 - 10 \\ 5 + 2 \times 10 \end{bmatrix} = \begin{bmatrix} 0 \\ 25 \end{bmatrix}$$

$$kf(\boldsymbol{x}) = 5f\left(\begin{bmatrix} 1 \\ 2 \end{bmatrix} \right) = 5 \begin{bmatrix} 2 \times 1 - 2 \\ 1 + 2 \times 2 \end{bmatrix} = 5 \begin{bmatrix} 0 \\ 5 \end{bmatrix} = \begin{bmatrix} 0 \\ 25 \end{bmatrix}$$

となるため、$f(k\boldsymbol{x}) = kf(\boldsymbol{x})$ を満たします。

　ここで、$\boldsymbol{x} = \begin{bmatrix} x_1 \\ x_2 \end{bmatrix}, f(\boldsymbol{x}) = \begin{bmatrix} 2x_1 - x_2 \\ x_1 + 2x_2 \end{bmatrix}$ の別の表現方法を考えてみましょう。$A =$

$\begin{bmatrix} 2 & -1 \\ 1 & 2 \end{bmatrix}$（$2 \times 2$ 行列）と $\boldsymbol{x} = \begin{bmatrix} x_1 \\ x_2 \end{bmatrix}$（2 個の成分からなる列ベクトル）を用いて、行

列とベクトルの積を考えると、$f(\boldsymbol{x}) = A\boldsymbol{x}$ と表すことができます。例えば、$\boldsymbol{x} = \begin{bmatrix} 1 \\ 2 \end{bmatrix}$

とすると、

$$A\boldsymbol{x} = \begin{bmatrix} 2 & -1 \\ 1 & 2 \end{bmatrix} \begin{bmatrix} 1 \\ 2 \end{bmatrix} = \begin{bmatrix} 2 \times 1 + (-1) \times 2 \\ 1 \times 1 + 2 \times 2 \end{bmatrix} = \begin{bmatrix} 0 \\ 5 \end{bmatrix}$$

$$f(\boldsymbol{x}) = \begin{bmatrix} 2x_1 - x_2 \\ x_1 + 2x_2 \end{bmatrix} = \begin{bmatrix} 2 \times 1 - 2 \\ 1 + 2 \times 2 \end{bmatrix} = \begin{bmatrix} 0 \\ 5 \end{bmatrix}$$

となり、一致することがわかります。

　線形写像/線形変換を表すこの行列 A を表現行列と呼びます。

　ここで、表現行列について一般的にまとめましょう。

　線形写像 $f: R^n \to R^m$ について、$m \times n$ 行列がただ一つ定まり、
$$\boldsymbol{x}' = f(\boldsymbol{x}) = A\boldsymbol{x}, \qquad \boldsymbol{x} \in R^n, \quad \boldsymbol{x}' \in R^m \tag{5-3}$$
と表すことができます。この行列 A を線形写像 f の表現行列 (representation matrix) といいます。

　ちなみに、$\boldsymbol{x} \in R^n$ は、$\boldsymbol{x}$ が R^n の要素であることを示しています。

▶Python で計算してみよう

　線形変換 $f: R^3 \to R^3$ が

$$\boldsymbol{x} = \begin{bmatrix} x_1 \\ x_2 \\ x_3 \end{bmatrix}, \quad f(\boldsymbol{x}) = \begin{bmatrix} 2x_1 - 3x_2 - 4x_3 \\ x_1 - x_2 + x_3 \\ x_1 + 2x_2 - 7x_3 \end{bmatrix}$$

と定められるときを考えてみましょう。

　この線形変換は、

$$f(\boldsymbol{x}) = A\boldsymbol{x}, \qquad \boldsymbol{x} = \begin{bmatrix} x_1 \\ x_2 \\ x_3 \end{bmatrix}, \quad A = \begin{bmatrix} 2 & -3 & -4 \\ 1 & -1 & 1 \\ 1 & 2 & -7 \end{bmatrix}$$

と表すことができます。つまり、この線形変換の表現行列 A は、

$$A = \begin{bmatrix} 2 & -3 & -4 \\ 1 & -1 & 1 \\ 1 & 2 & -7 \end{bmatrix}$$

となります。

このとき、$\boldsymbol{x} = \begin{bmatrix} 1 \\ 2 \\ 3 \end{bmatrix}$ が線形変換 f によって何に変換されるかを求めるプログラムを

リスト5-1に示します。4-5-4項で示したように、行列とベクトルの積は、NumPyの dot を使って計算ができます。

▶リスト5-1　線形変換の例

```
import numpy as np

A = np.array([
    [ 2., -3., -4.],
    [ 1., -1., 1.],
    [ 1., 2., -7.],
])
```

```
x = np.array([1., 2., 3.]).reshape(-1,1)
```

```
np.dot(A,x)   ← Ax
```

```
array([[-16.],
    [ 2.],
    [-16.]])
```

つまり、$\boldsymbol{x} = \begin{bmatrix} 1 \\ 2 \\ 3 \end{bmatrix}$ が表現行列 $A = \begin{bmatrix} 2 & -3 & -4 \\ 1 & -1 & 1 \\ 1 & 2 & -7 \end{bmatrix}$ である線形写像によって $\begin{bmatrix} -16 \\ 2 \\ -16 \end{bmatrix}$

に変換されることが確かめられました。

> **一歩深く** ▶ • • • • **像空間、核空間**

ここで、像空間という概念について定義を示します。

線形写像 $f: V \to V'$ に対し、像 (image)を以下のように定義します。
$$\mathrm{Im}\, f = \{ f(\boldsymbol{x}) \,|\, \boldsymbol{x} \in V \} \tag{5-4}$$

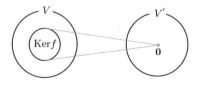

x がベクトル空間 V の中を動くとき、
x に f を作用させた部分集合

図 5-1　像 Im f の定義

　これは、x がベクトル空間 V の中を動くとき、x に線形写像 f を作用させたものが動く範囲を指します。

　二つのベクトル $x, y \in V$ とスカラー k について、

$$f(x) + f(y) = f(x + y) \in \mathrm{Im}\, f, \quad kf(x) = f(kx) \in \mathrm{Im}\, f$$

であり、$\mathrm{Im}\, f$ は V' の部分空間（3-1 節の「一歩深く」参照）となります。そのため、$\mathrm{Im}\, f$ のことを像空間ともいいます。

　また、$\mathrm{Im}\, f$ の基底の数、つまり $\dim(\mathrm{Im}\, f)$ は、線形写像 f の表現行列 A の階数（ランク）と一致します。

　次に、核空間という概念について定義を示します。

　線形写像 $f\colon V \to V'$ に対し、核 (kernel, null space) を以下のように定義します。

$$\mathrm{Ker}\, f = \{x \mid x \in V,\ f(x) = 0\} \tag{5-5}$$

図 5-2　核 $\mathrm{Ker}\, f$ の定義

　これは、線形写像 f を作用させると零ベクトルになる V の部分集合を指します。

　二つのベクトル $x, y \in V$ とスカラー k について、$x, y \in \mathrm{Ker}\, f$、すなわち $f(x) = 0$, $f(y) = 0$ のとき、

$$f(x + y) = f(x) + f(y) = 0 + 0 = 0, \quad f(kx) = kf(x) = k \cdot 0 = 0$$

となります。よって、$x + y \in \mathrm{Ker}\, f$、$kx \in \mathrm{Ker}\, f$ ですから、$\mathrm{Ker}\, f$ は V の部分空間となります。そのため、$\mathrm{Ker}\, f$ のことを核空間ともいいます。

▶Python で計算してみよう

$f: V \to V'$ を線形写像とします。像空間 $\mathrm{Im}\, f$ の基底の数、つまり $\dim(\mathrm{Im}\, f)$ は、線形写像 f の表現行列 A の階数と一致します。つまり、$\dim(\mathrm{Im}\, f)$ は、4-4-2 項で示したように、Python では Numpy の「`linalg.matrix_rank(A)`」で求めることができます。

また、核空間 $\mathrm{Ker}\, f$ の基底の数、つまり $\dim(\mathrm{Ker}\, f)$ は、Scipy の「`scipy.linalg.null_space(A).shape[1]`」で求めることができます。

ここで、下記三つの表現行列 A, B, C の像空間の基底の数 $\dim(\mathrm{Im}\, f)$ と核空間の基底の数 $\dim(\mathrm{Ker}\, f)$ を求めてみましょう。

$$A = \begin{bmatrix} 2 & -3 & 4 \\ 1 & -1 & 1 \\ 1 & 2 & -7 \end{bmatrix}, \quad B = \begin{bmatrix} 2 & -3 & 4 \\ 1 & -1 & 1 \\ 2 & -2 & 2 \end{bmatrix}, \quad C = \begin{bmatrix} 2 & -3 & 4 \\ 4 & -6 & 8 \\ 6 & -9 & 12 \end{bmatrix}$$

これらを Python で計算したものをリスト 5-2 に示します。

▶リスト 5-2　表現行列の像空間の基底の数と核空間の基底の数

```
import numpy as np
from scipy import linalg

A = np.array([
    [ 2., -3., 4.],
    [ 1., -1., 1.],
    [ 1., 2., -7.],
])

B = np.array([
    [ 2., -3., 4.],
    [ 1., -1., 1.],
    [ 2., -2., 2.],
])

C = np.array([
    [ 2., -3., 4.],
    [ 4., -6., 8.],
    [ 6., -9., 12.],
])
```

```
np.linalg.matrix_rank(A)        ← A についての dim(Im f)
```

```
3
```

```
linalg.null_space(A).shape[1]   ← A についての dim(Ker f)
```

0

`np.linalg.matrix_rank(B)`   ← B についての $\dim(\operatorname{Im} f)$

2

`linalg.null_space(B).shape[1]`   ← B についての $\dim(\operatorname{Ker} f)$

1

`np.linalg.matrix_rank(C)`   ← C についての $\dim(\operatorname{Im} f)$

1

`linalg.null_space(C).shape[1]`   ← C についての $\dim(\operatorname{Ker} f)$

2

　この結果から、表現行列 A の像空間の基底の数は3、核空間の基底の数は0、表現行列 B の像空間の基底の数は2、核空間の基底の数は1、表現行列 C の像空間の基底の数は1、核空間の基底の数は2となっています。V の基底の数を3とすると、A, B, C それぞれについて、像空間の基底の数と核空間の基底の数を足したものと V の基底の数は一致しています。

　これらの結果と同様に、一般に、次の次元公式が成り立ちます。

線形写像 $f\colon V \to V'$ について、
$$\dim V = \dim(\operatorname{Ker} f) + \dim(\operatorname{Im} f) \tag{5-6}$$
が成り立ちます。

5-2   写像の合成

　二つ以上の写像を連続して行ったものを一つの写像として見ることを、写像の**合成**と呼びます。線形写像に慣れるために、その合成について学んでいきましょう。合成は6章でも活用していきます。

● **例1**　2次元ベクトル空間 R^2 から R^2 への線形変換 f と、別の R^2 から R^2 への線形変換 g の合成

線形変換 f の表現行列は $A = \begin{bmatrix} a_{11} & a_{12} \\ a_{21} & a_{22} \end{bmatrix}$ であり、線形変換 g の表現行列は $B =$

$\begin{bmatrix} b_{11} & b_{12} \\ b_{21} & b_{22} \end{bmatrix}$ であるとします。線形変換 f によって R^2 のベクトル $\boldsymbol{x}$ を R^2 のベクトル $f(\boldsymbol{x})$ に変換したあと、線形変換 g によって R^2 のベクトル $f(\boldsymbol{x})$ を R^2 のベクトル $g(f(\boldsymbol{x}))$ に変換するような変換を $g \circ f$ と表します。この線形変換の合成を図 5-3 に示します（要素 $\boldsymbol{x}$ が $A\boldsymbol{x}$ に変換されることを「$\boldsymbol{x} \mapsto A\boldsymbol{x}$」と表します）。表現行列は左から掛けるものなので、$f(\boldsymbol{x}) = A\boldsymbol{x}$, $g(f(\boldsymbol{x})) = BA\boldsymbol{x}$ となります。つまり、線形変換 $g \circ f$ の表現行列は BA です。

$A = \begin{bmatrix} a_{11} & a_{12} \\ a_{21} & a_{22} \end{bmatrix}$ という表現行列で表される f

$$\begin{array}{rcl} f: R^2 & \to & R^2 \\ \boldsymbol{x} & \mapsto & A\boldsymbol{x} \end{array}$$

$B = \begin{bmatrix} b_{11} & b_{12} \\ b_{21} & b_{22} \end{bmatrix}$ という表現行列で表される g

$$\begin{array}{rcl} g: R^2 & \to & R^2 \\ \boldsymbol{x} & \mapsto & B\boldsymbol{x} \end{array}$$

$$\begin{array}{ccccc} R^2 & \xrightarrow{\ f\ } & R^2 & \xrightarrow{\ g\ } & R^2 \\ \boldsymbol{x} & \longmapsto & f(\boldsymbol{x}) & \longmapsto & g(f(\boldsymbol{x})) \end{array}$$

f と g の合成写像 ➡ $g \circ f$ と表す

$$\boldsymbol{x} \longmapsto A\boldsymbol{x} \longmapsto BA\boldsymbol{x}$$

図 5-3 線形変換の合成の例 1

● **例 2** R^2 から R^3 への線形写像 f と、R^3 から R^2 への線形写像 g の合成

線形写像 f の表現行列は $A = \begin{bmatrix} a_{11} & a_{12} \\ a_{21} & a_{22} \\ a_{31} & a_{32} \end{bmatrix}$ であり、線形写像 g の表現行列は $B = \begin{bmatrix} b_{11} & b_{12} & b_{13} \\ b_{21} & b_{22} & b_{23} \end{bmatrix}$ であるとします。そのとき、図 5-4 に示すとおり、合成写像 $g \circ f$ は、R^2 から R^2 への線形変換となり、合成写像 $f \circ g$ は、R^3 から R^3 への線形変換となります。

ここで、合成写像 $g \circ f$ の表現行列は BA、合成写像 $f \circ g$ の表現行列は AB となります。実際に BA と AB を計算すると、下記のとおりになります。

$$BA = \begin{bmatrix} b_{11} & b_{12} & b_{13} \\ b_{21} & b_{22} & b_{23} \end{bmatrix} \begin{bmatrix} a_{11} & a_{12} \\ a_{21} & a_{22} \\ a_{31} & a_{32} \end{bmatrix} = \begin{bmatrix} b_{11}a_{11}+b_{12}a_{21}+b_{13}a_{31} & b_{11}a_{12}+b_{12}a_{22}+b_{13}a_{32} \\ b_{21}a_{11}+b_{22}a_{21}+b_{23}a_{31} & b_{21}a_{12}+b_{22}a_{22}+b_{23}a_{32} \end{bmatrix}$$

- 合成写像 $g \circ f$

$$R^2 \xrightarrow{\quad f \quad} R^3 \xrightarrow{\quad g \quad} R^2$$
$$\boldsymbol{x} \longmapsto A(\boldsymbol{x}) \longmapsto BA\boldsymbol{x}$$

- 合成写像 $f \circ g$

$$R^3 \xrightarrow{\quad g \quad} R^2 \xrightarrow{\quad f \quad} R^3$$
$$\boldsymbol{x} \longmapsto B(\boldsymbol{x}) \longmapsto AB\boldsymbol{x}$$

図 5-4　線形写像の合成の例 2

$$AB = \begin{bmatrix} a_{11} & a_{12} \\ a_{21} & a_{22} \\ a_{31} & a_{32} \end{bmatrix} \begin{bmatrix} b_{11} & b_{12} & b_{13} \\ b_{21} & b_{22} & b_{23} \end{bmatrix} = \begin{bmatrix} a_{11}b_{11}+a_{12}b_{21} & a_{11}b_{12}+a_{12}b_{22} & a_{11}b_{13}+a_{12}b_{23} \\ a_{21}b_{11}+a_{22}b_{21} & a_{21}b_{12}+a_{22}b_{22} & a_{21}b_{13}+a_{22}b_{23} \\ a_{31}b_{11}+a_{32}b_{21} & a_{31}b_{12}+a_{32}b_{22} & a_{31}b_{13}+a_{32}b_{23} \end{bmatrix}$$

つまり、表現行列 BA は 2×2 の行列、表現行列 AB は 3×3 の行列となります。4-5-6 項の行列と行列の積の性質でも示したように、$AB \neq BA$ であるので注意が必要です。

▶Python で計算してみよう

線形写像 f: $R^2 \to R^3$ と g: $R^3 \to R^2$ の合成を考えます。線形写像 f の表現行列は $A = \begin{bmatrix} 1 & -3 \\ 2 & -2 \\ 3 & 1 \end{bmatrix}$ であり、線形写像 g の表現行列は $B = \begin{bmatrix} 2 & 1 & 3 \\ 3 & 1 & 2 \end{bmatrix}$ であるとします。

そのときの合成写像 $g \circ f$ の表現行列は BA、合成写像 $f \circ g$ の表現行列は AB となりますが、それを Python で計算したものをリスト 5-3 に示します。

▶リスト 5-3　合成写像の例

```
import numpy as np
A = np.array([
   [ 1., -3.],
   [ 2., -2.],
   [ 3., 1.],
])

B = np.array([
   [ 2., 1., 3.,],
   [ 3., 1., 2.,],
])

np.dot(B,A)   ←BA
```

```
array([[13.,-5.],
       [11.,-9.]])
```

```
np.dot(A,B)  ← AB
```

```
array([[-7., -2., -3.],
       [-2.,  0.,  2.],
       [ 9.,  4., 11.]])
```

その結果、合成写像 $g \circ f$ の表現行列 BA は 2×2 の行列、合成写像 $f \circ g$ の表現行列は AB は 3×3 の行列となることがわかります。

5-3　画像データからの印象語抽出システムを線形写像で実現

　ここでは、具体的な線形写像の例として、文献 [6], [7] の Media-lexicon Transformation Operator という考え方を踏襲し単純化した、画像の色からその印象を表す言葉を抽出するプログラムを体験します。これまでのプログラムより複雑で、大がかりですが、がんばって取り組みましょう。

　これから実現するプログラムの全体像を図 5-5 に示します。本プログラムは、大きく以下の三つの機能から構成されます。

(1) 画像ファイルから RGB 色ベクトル抽出

関数 ext_mean_rgb として実装し、画像ファイルをファイルパスを指定する形で与

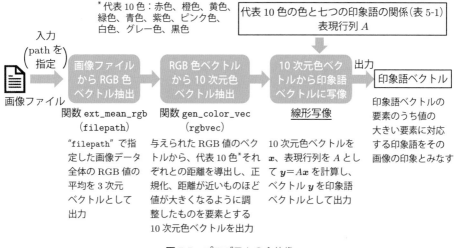

図 5-5　プログラムの全体像

え、その画像を読み込みます。そして、その画像がもつ色をRGB（R：赤、G：緑、B：青）値として抽出した上で、画像全体の平均の RGB 値を 3 次元ベクトルとして出力します。

(2) RGB 色ベクトルから 10 次元色ベクトル抽出

関数 gen_color_vec として実装します。すなわち、与えられた RGB 値のベクトルについて、赤色、橙色、黄色、緑色、青色、紫色、ピンク色、白色、グレー色、黒色を代表 10 色として、その代表 10 色それぞれとの距離を導出し、正規化した上で、距離が近いものほど値が大きくなるように調整したものを要素とする 10 次元色ベクトルを出力します。

(3) 10 次元色ベクトルから印象語ベクトルに写像

線形写像で実現します。10 次元色ベクトルを x、表現行列を A として $y = Ax$ を計算し、ベクトル y を印象語ベクトルとして出力します。最終的に、印象語ベクトル y の要素のうち、値の大きい要素に対応する印象語をその画像の印象とみなします。

(1)～(3) の各機能について、以下で詳しく解説します。

5-3-1　画像ファイルから RGB 色ベクトル抽出

そもそも画像はコンピュータの中でどのように表現されているのでしょうか。実は画像はピクセルと呼ばれる「点」の集まりでできており、その各ピクセルがどのような色なのか RGB で表現されています。つまり、画像ファイルから各ピクセルの RGB 値を取り出し、平均を求めれば、画像全体のおおよその色味を導出することができます。

画像ファイルからの RGB 色ベクトル抽出を実現する関数 ext_mean_rgb の実際のプログラムについて、リスト 5-4 に示します。

▶リスト 5-4　関数 ext_mean_rgb

```
from PIL import Image
import numpy as np

def ext_mean_rgb(filepath):                          # 画像を読み込み RGB 値に変換
  image = np.array(Image.open(filepath).convert('RGB')).reshape(-1,3)
  return np.array([np.mean(image[:,0]),np.mean(image[:,1]),
  np.mean(image[:,2])])                              # RGB 値の平均値を導出
```

ここでは、画像を扱うモジュール (from PIL import Image) と NumPy をインポートしています。関数 ext_mean_rgb は filepath という引数を必要とします。filepath には画像ファイルが存在する Google ドライブ上のパスを指定することになります。「image = np.array(Image.open(filepath).convert('RGB')).reshape(-1,3)」で

は、filepath で指定された画像ファイルを読み込み RGB に変換した上で、1 ピク
セルごとの RGB の値を 2 次元配列として image に格納します。さらに、「return
np.array([np.mean(image[:,0]),np.mean(image[:,1]),np.mean(image[:,2])])」
によって RGB のそれぞれの平均値を導出して、戻り値としています。この戻り値が
「RGB 色ベクトル」となります。

5-3-2　RGB 色ベクトルから 10 次元色ベクトル抽出

　RGB 色ベクトルからの 10 次元色ベクトル抽出を実現する関数 gen_color_vec の
実際のプログラムについて、リスト 5-5 に示します。

▶リスト 5-5　関数 gen_color_vec

```
import numpy as np
from scipy.spatial import distance

def gen_color_vec(rgbvec):
  colorvec=np.array([])     ← colorvec という空の配列を作っておく
  palette=np.array(
    [
     [255,0,0], #赤
     [255,102,0], #橙
     [255,255,0], #黄
     [0,128,0], #緑
     [0,0,255], #青
     [128,0,128], #紫
     [255,0,255], #ピンク
     [255,255,255], #白
     [128,128,128], #グレー
     [0,0,0] #黒
    ])
                              palette から 1 色ずつ      colorvec に col と rgbvec
                              col に格納し反復する       の距離を追加していく
  for col in palette:
    colorvec=np.append(colorvec,distance.euclidean(col,rgbvec))
                                                              ベクトル
  colorvec=1-colorvec/np.linalg.norm(colorvec,np.inf)   ← 1 − ‖ベクトル‖
  return colorvec.reshape(-1,1)
```

　ここでは NumPy と、距離を計算するために SciPy をインポートしています。関
数 gen_color_vec は rgbvec という引数を必要とします。これには前項の関数
ext_mean_rgb を実行して得られた戻り値「RGB 色ベクトル」を与えることになりま
す。代表 10 色（赤色、橙色、黄色、緑色、青色、紫色、ピンク色、白色、グレー色、黒色）の
RGB 値は、palette 配列に格納されているように決まっています。代表 10 色と引数で
得た rgbvec の RGB 値がどれくらい近いかを「distance.euclidean(col,rgbvec)」

で計算していきます。ここで、`colorvec` に格納された値は距離のため、二つの引数に対応する色が似ているほど値が小さくなってしまいます。実際は似ている色ほど大きな値にするため、L^∞ ノルムで正規化したのち 1 からその値を引くことにより調整しています。つまり、これらの操作で引数として与えられた `rgbvec` が代表 10 色のどれに近いかを計算し、近ければ近いほどその値が高くなるように調整した 10 次元のベクトルを返すプログラムになっています。

5-3-3　10 次元色ベクトル x を取得

　ここまでの関数 `ext_mean_rgb` と関数 `gen_color_vec` を呼び出して 10 次元色ベクトル x を取得するプログラムをリスト 5-6 に示します。

▶リスト 5-6　関数 `ext_mean_rgb` と関数 `gen_color_vec` を呼び出して 10 次元色ベクトル x を取得

```
import numpy as np

filepath='/content/drive/My Drive/Colab Notebooks/red.png'
x=gen_color_vec(ext_mean_rgb(filepath))
```

`filepath` 変数に、読み込みたい画像ファイルが格納されている場所（パス）を指定します。それを引数として、関数 `ext_mean_rgb` を呼び出し、その結果を引数として関数 `gen_color_vec` を呼び出し、その結果を変数 `x` に格納しているシンプルなプログラムです。

　このプログラムに関して、以下の二つの大きな作業が必要です（ただし、自身のノートパソコン上で Jupyter Notebook を使用している方は、これらの操作は必要ありません）。

(1) 画像ファイルが格納されている場所（パス）を調べる必要があります。

(2) Google Colaboratory で Google ドライブ内のファイルを読み込み/書き出しするためには、Google ドライブのマウントをする必要があります。

以下にそれぞれの対処方法を示します。

(1) Google ドライブ内の画像ファイルの正確な場所（パス）を得る方法

　ここでは Google ドライブ「マイドライブ」の中の「Colab Notebooks」の下に「red.png」という画像ファイルがあり、そのファイルのパスを得ることを想定しています。

　①図 5-6 にあるように、Google Colaboratory の画面上のフォルダの形をしたアイコンをクリックします。

　②そこに表示された中で「drive」をクリックします。

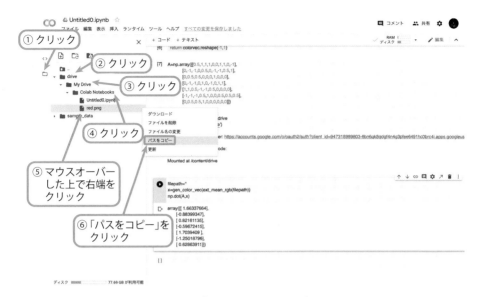

図 5-6　Google ドライブ上の画像ファイルのパスを得る（その 1）

③そこに表示された中で「My Drive」をクリックします。

④そこに表示されたところが、Google ドライブの「マイドライブ」に相当します。その中の「Colab Notebooks」をクリックします。

⑤そこに今回パスを知りたい「red.png」がありますので、「red.png」をマウスオーバーした上で、右端にある点三つのアイコンをクリックします。

⑥そこに表示された中で「パスをコピー」を選択します。これで「red.png」のパスがコピーされました。

あとは Google Colaboratory 上のプログラムの「`filepath=`」のところにペーストをすれば、正確なパスを入力することができます（図 5-7）。

(2) Google ドライブのマウントをする方法

まずは、Google Colaboratory のセルにリスト 5-7 のプログラムを入力し、実行（[shift] + [enter(return)]）をします。

▶リスト 5-7　Google Colaboratory で Google ドライブをマウントするサンプルプログラム

```
from google.colab import drive
drive.mount('/content/drive')
```

その結果、図 5-8 のような画面が出力されますので、そこに書かれた URL をクリックします。

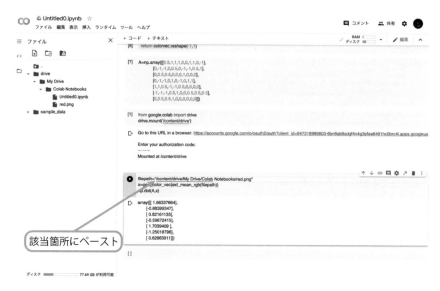

図 5-7　Google ドライブ上の画像ファイルのパスを得る（その 2）

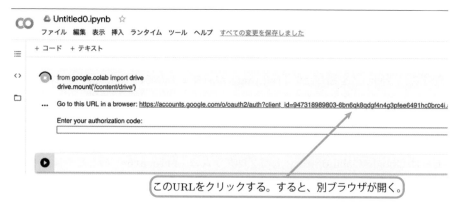

図 5-8　Google Colaboratory で Google ドライブをマウントする（その 1）

　すると、別のブラウザが開き、図 5-9 のような画面が出力されますので、今ログインしている自分の Google アカウントを選択してください。

　次に、図 5-10 のように、Google アカウントへのアクセスのリクエストが表示されるので、許可をクリックしてください。

　すると、図 5-11 のようにコード（文字列）が表示されますので、これをコピーしてください。

　図 5-8 の Google Colaboratory の画面に戻り、「Enter your authorization

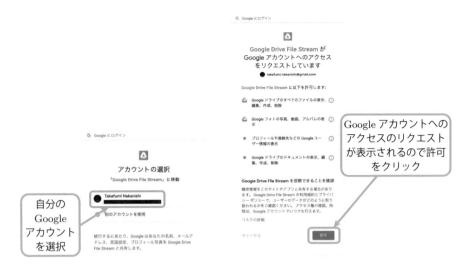

図 5-9　Google Colaboratory で Google ド　　**図 5-10**　Google Colaboratory で Google ドライブ
　　　　ライブをマウントする（その 2）　　　　　　　　　をマウントする（その 3）

図 5-11　Google Colaboratory で Google ドライブをマウントする（その 4）

code:」のところに先ほどコピーしたコード（文字列）をペーストし、[shift] ＋ [enter
(return)] をしてください（図 5-12）。

　図 5-13 のようになれば、以降、プログラムから Google ドライブ内のファイルを読
み込むことが可能になります。

5-3-4　表現行列の構成と 10 次元色ベクトルから印象語ベクトルへの線形写像

　10 次元色ベクトルから印象語ベクトルへの線形写像を実現するためには、表現行列
を構成する必要があります。表現行列を構成するには、赤色、橙色、黄色、緑色、青

図 5-12　Google Colaboratory で Google ドライブをマウントする（その 5）

図 5-13　Google Colaboratory で Google ドライブをマウントする（その 6）

色、紫色、ピンク色、白色、グレー色、黒色の代表 10 色と印象を表す言葉との対応表を準備する必要があります。本来ならば、文献 [9] などの専門家による研究成果や知識を適用するべきです。しかし、今回は簡単にするため、筆者の独断と偏見で、代表 10 色と印象を表す言葉である明るい、暗い、かわいい、悲しい、情熱、冷静、自然の

表 5-1　筆者が勝手に決めた色の印象

	赤色	橙色	黄色	緑色	青色	紫色	ピンク色	白色	グレー色	黒色
明るい	0.5	1	1	1	0	0	1	1	0	−1
暗い	0	−1	−1	0	0.5	0	−1	−1	0.5	1
かわいい	0	0.5	0.5	0	0	0	1	0	0	0
悲しい	0	−1	−1	0	1	0	−1	0	1	1
情熱	1	1	0.5	−1	−1	0.5	0	0	0	0
冷静	−1	−1	−1	0.5	1	0	0	0.5	0.5	0.5
自然	0	0.5	0.5	1	0	0	0	0	0	0

7 語との関係を表 5-1 のように指定しました。関係が深いものは「1」、少し関係する
ものは「0.5」、関係しないものは「0」、逆の印象となるものは「−1」として表を作成
しました。

この表を 7×10 の表現行列 A として、下記のとおり構成します。

$$A = \begin{bmatrix} 0.5 & 1 & 1 & 1 & 0 & 0 & 1 & 1 & 0 & -1 \\ 0 & -1 & -1 & 0 & 0.5 & 0 & -1 & -1 & 0.5 & 1 \\ 0 & 0.5 & 0.5 & 0 & 0 & 0 & 1 & 0 & 0 & 0 \\ 0 & -1 & -1 & 0 & 1 & 0 & -1 & 0 & 1 & 1 \\ 1 & 1 & 0.5 & -1 & -1 & 0.5 & 0 & 0 & 0 & 0 \\ -1 & -1 & -1 & 0.5 & 1 & 0 & 0 & 0.5 & 0.5 & 0.5 \\ 0 & 0.5 & 0.5 & 1 & 0 & 0 & 0 & 0 & 0 & 0 \end{bmatrix} \tag{5-7}$$

これを使って、10 次元色ベクトルから印象語ベクトルへの線形写像を行うプログラ
ムをリスト 5-8 に示します。

▶リスト 5-8　10 次元色ベクトルから印象語ベクトルへの線形写像

```
import numpy as np

A=np.array([[0.5,1,1,1,0,0,1,1,0,-1],
      [0,-1,-1,0,0.5,0,-1,-1,0.5,1],
      [0,0.5,0.5,0,0,0,1,0,0,0],
      [0,-1,-1,0,1,0,-1,0,1,1],
      [1,1,0.5,-1,-1,0.5,0,0,0,0],
      [-1,-1,-1,0.5,1,0,0,0.5,0.5,0.5],
      [0,0.5,0.5,1,0,0,0,0,0,0]])

filepath='/content/drive/My Drive/Colab Notebooks/red.png'
x=gen_color_vec(ext_mean_rgb(filepath))
np.dot(A,x)
```

A に式 (5-7) の表現行列を格納し、x には 5-3-3 項で示したように 10 次元色ベクトル
を格納しています。これらを用いて線形写像を実現するのは、「np.dot(A,x)」です。

これを実行することで、七つの要素からなる配列が出力されます。これが印象語ベ
クトルであり、明るい、暗い、かわいい、悲しい、情熱、冷静、自然との相関が各要
素に格納されています。つまり、この値が高いものをその画像の印象として考えれば
よいということになります。

例えば、SDGs のロゴ[10] の 1 番目のロゴの画像を指定すると、

```
array([[ 1.66337664],
       [-0.88399347],
```

```
       [ 0.82161135],
       [-0.59672415],
       [ 1.7039409 ],
       [-1.25018796],
       [ 0.62863911]])
```

と出力されます。SDGs の 1 番目のロゴは赤色になっており、明るい、情熱に対応する要素が高い値（それぞれ 1.66337664, 1.7039409）となっています。一方、SDGs の 16 番目のロゴの画像を指定すると、

```
array([[ 0.46789454],
       [ 0.67207182],
       [ 0.21685024],
       [ 1.33217916],
       [-0.53770038],
       [ 1.13742445],
       [ 0.56818071]])
```

と出力されます。SDGs の 16 番目のロゴは青色になっており、悲しい、冷静に対応する要素の値が高い値（それぞれ、1.33217916, 1.13742445）となっています。これは画像の、特に色の印象しか見ていないだけでなく、表現行列を専門外の筆者が作成したこともあり、直感と合わない部分もあるかもしれません。表現行列を専門家の研究や知見を用いて構成したり、アンケート調査を行った上で統計的手法を用いて構成したりする方法も考えられます。また、画像の色の抽出を全体の平均として計算しているため、いろいろな色が混ざった画像データについては意図した印象を抽出することができないかもしれません。画像の色を抽出する関数 ext_mean_rgb と関数 gen_color_vec を改良する余地も十分残っています。

　最後に、これまで説明してきたプログラムをまとめた全体をリスト 5-9 に示します。自分自身で画像データを準備した上で、これまでの注意事項を踏まえて実行してみましょう。

▶リスト 5-9　本プログラムの全体

```
from PIL import Image
import numpy as np
from scipy.spatial import distance

def ext_mean_rgb(filepath):
  image = np.array(Image.open(filepath).convert('RGB')).reshape(-1,3)
  return np.array([np.mean(image[:,0]),np.mean(image[:,1]),
  np.mean(image[:,2])])
```

```python
def gen_color_vec(rgbvec):
  colorvec=np.array([])
  palette=np.array(
      [
       [255,0,0], #赤
       [255,102,0], #橙
       [255,255,0], #黄
       [0,128,0], #緑
       [0,0,255], #青
       [128,0,128], #紫
       [255,0,255], #ピンク
       [255,255,255], #白
       [128,128,128], #グレー
       [0,0,0] #黒
      ])
  for col in palette:
    colorvec=np.append(colorvec,distance.euclidean(col,rgbvec))
  colorvec=1-colorvec/np.linalg.norm(colorvec,np.inf)
  return colorvec.reshape(-1,1)
```

```python
A=np.array([[0.5,1,1,1,0,0,1,1,0,-1],
            [0,-1,-1,0,0.5,0,-1,-1,0.5,1],
            [0,0.5,0.5,0,0,0,1,0,0,0],
            [0,-1,-1,0,1,0,-1,0,1,1],
            [1,1,0.5,-1,-1,0.5,0,0,0,0],
            [-1,-1,-1,0.5,1,0,0,0.5,0.5,0.5],
            [0,0.5,0.5,1,0,0,0,0,0,0]])
```

```python
from google.colab import drive
drive.mount('/content/drive')
```

```
Drive already mounted at /content/drive; to attempt to forcibly remount,
call drive.mount("/content/drive", force_remount=True).
```
これとはメッセージが異なる場合があります

```python
filepath='/content/drive/My Drive/Colab Notebooks/sdgs1.png'
x=gen_color_vec(ext_mean_rgb(filepath))
np.dot(A,x)
```
SDGs の 1 番目のロゴの画像ファイル

```
array([[ 1.66337664],
       [-0.88399347],
       [ 0.82161135],
       [-0.59672415],
       [ 1.7039409 ],
```

```
        [-1.25018796],
        [ 0.62863911]])
```

　以上より、線形写像の概念を使って、画像データからその色の特徴を抽出することで、画像データの印象を導出することが可能となりました。線形写像を使った応用はこのほかにも様々な分野に広がっています。比較的簡単なプログラムで実現できますので、ぜひいろいろな線形写像の応用を実装してみてください。理解が深まるかと思います。

6章
アフィン変換 ── 画像の平行移動、拡大・縮小、回転、せん断、鏡映

　本章では、これまで示してきた線形変換の応用として、画像の平行移動、拡大・縮小、回転、せん断、鏡映を実現するアフィン変換について述べます。6-1 節は、線形変換の振り返りと複数のベクトルを線形変換する方法について示します。6-2 節では、アフィン変換を説明する前に、単純な線形変換で実現できる平面画像処理を紹介します。6-3 節では平面画像のアフィン変換について示します。6-4 節では 3 次元でのアフィン変換について示します。

6-1　線形変換をまとめて行うには

　2 次元ベクトル空間 R^2 から 2 次元ベクトル空間 R^2 への線形変換の表現行列が $A = \begin{bmatrix} 1 & 2 \\ 3 & -4 \end{bmatrix}$ のとき、$\boldsymbol{x}_1 = \begin{bmatrix} 2 \\ 3 \end{bmatrix}$, $\boldsymbol{x}_2 = \begin{bmatrix} 1 \\ 1 \end{bmatrix}$ をそれぞれ線形変換してみましょう。Python のプログラムをリスト 6-1 に示します。

▶リスト 6-1　R^2 から R^2 への線形変換

```
import numpy as np

A = np.array([
    [ 1., 2.],
    [ 3., -4.],
])
x1 = np.array([2., 3.]).reshape(-1,1)
x2 = np.array([1., 1.]).reshape(-1,1)
```

```
np.dot(A,x1)
```

```
array([[ 8.],
       [-6.]])
```

```
np.dot(A,x2)
```

```
array([[ 3.],
       [-1.]])
```

図 6-1 に示すように、$\begin{bmatrix} 2 \\ 3 \end{bmatrix}$ というベクトルが表現行列 A によって $\begin{bmatrix} 8 \\ -6 \end{bmatrix}$ というベクトルに変換されており、$\begin{bmatrix} 1 \\ 1 \end{bmatrix}$ というベクトルが表現行列 A によって $\begin{bmatrix} 3 \\ -1 \end{bmatrix}$ というベクトルに変換されています。

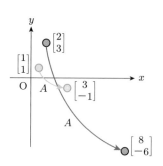

図 6-1　R^2 から R^2 への線形変換

　この章で目的とする平面画像処理は、一つひとつの座標を表現行列により線形変換することにより、実現できると考えられます。そう考えると、これまでの例では一つの座標を変換するだけです。一方、画像は複数の点（座標、ベクトル）が集まったものなので、ここでは複数の座標を一気に線形変換することを考えてみましょう。

　例えば、上記の $\boldsymbol{x}_1 = \begin{bmatrix} 2 \\ 3 \end{bmatrix}$, $\boldsymbol{x}_2 = \begin{bmatrix} 1 \\ 1 \end{bmatrix}$ の 2 点を一気に線形変換してみます。そのためには、二つのベクトル $\boldsymbol{x}_1$, $\boldsymbol{x}_2$ を列方向に並べた行列 $X = [\boldsymbol{x}_1 \quad \boldsymbol{x}_2] = \begin{bmatrix} 2 & 1 \\ 3 & 1 \end{bmatrix}$ を作成し、この行列 X に表現行列 A を作用させればよいです。つまり、

$$AX = \begin{bmatrix} 1 & 2 \\ 3 & -4 \end{bmatrix} \begin{bmatrix} 2 & 1 \\ 3 & 1 \end{bmatrix} = \begin{bmatrix} 1 \times 2 + 2 \times 3 & 1 \times 1 + 2 \times 1 \\ 3 \times 3 + (-4) \times 3 & 3 \times 1 + (-4) \times 1 \end{bmatrix} = \begin{bmatrix} 8 & 3 \\ -6 & -1 \end{bmatrix}$$

とすれば、まとめて線形変換を行うことができます。この操作を Python では、リスト 6-2 のように実現します。

▶リスト 6-2　R^2 から R^2 へのまとめての線形変換

```
import numpy as np

A = np.array([
   [ 1., 2.],
   [ 3., -4.],
```

```
])
x1 = np.array([2., 3.]).reshape(-1,1)
x2 = np.array([1., 1.]).reshape(-1,1)
```

```
X=np.concatenate([x1, x2], axis=1)    ← x₁とx₂を結合
X
```

```
array([[2., 1.],
       [3., 1.]])
```

```
np.dot(A,X)                           ← AX
```

```
array([[ 8.,  3.],
       [-6., -1.]])
```

「X = np.concatenate([x1, x2], axis=1)」によって、ベクトル x_1, x_2 を列方向に結合して新しい行列 X を作成した上で、線形変換「np.dot(A,X)」を実現しています。

このように、画像の各点の x, y 座標の値を列ベクトルとして、その列ベクトルを列方向で並べれば、まとめて線形変換ができることがわかります。

6-2　平面画像処理

ここでは、アフィン変換の説明に入る前に、通常の線形変換で行うことが可能な処理について示していきたいと思います。平行移動、拡大・縮小、回転、せん断、鏡映の中で、平行移動以外は通常の線形変換で表現できます。実際の Python プログラムをしながら進めていくことにしましょう。

6-2-1　画像ファイルを座標行列に変換

平面画像処理を扱う前に、肝心の画像ファイルを取得できなければ話が始まりません。ここでは、画像ファイルを白黒で読み取り、黒である座標を行列として格納することを考えます。この行列をここでは座標行列と呼ぶことにします。実際の画像ファイルを白黒で読み取り、黒の部分の座標を行列として格納し、それをもとに画像を表示するプログラムについて、リスト 6-3 に示します。

▶リスト 6-3　画像ファイルを座標行列に変換

```
from PIL import Image
import numpy as np
```

```
def imgfile2xy(filename):
  threshold=100
  img = np.array(Image.open(filename).convert('L').resize((200, 200)))
  img_bool = img > threshold
  x = np.array([])
  y = np.array([])
  for i in range(img_bool.shape[0]):
    for j in range(img_bool.shape[1]):
      if img_bool[i,j]==False:
        x=np.append(x, j)
        y=np.append(y, (img_bool.shape[0]-1)-i)

  return np.concatenate([[x], [y]])
```

画像データを 200×200 ピクセルにリサイズし
ながらグレイスケール値として読み込む

グレイスケール値が 100 より大きければ True、
100 以下ならば False

False、つまり黒ならば
x, y 座標を保存

y 座標の 0 の位置を左下に変更

```
from google.colab import drive
drive.mount('/content/drive')
```

Google ドライブのマウント

```
Drive already mounted at /content/drive; to attempt to forcibly remount,
call drive.mount("/content/drive", force_remount=True).
```

```
img = imgfile2xy('/content/drive/My Drive/Colab Notebooks/nakanishi.png')
img
```

nakanishi.png を座標行列に変換

```
array([[101., 98., 100., ..., 197., 198., 199.],
    [192., 191., 191., ...,  0.,  0.,  0.]])
```

```
import matplotlib.pyplot as plt
%matplotlib inline

plt.scatter(img[0], img[1], s=1, color="black")
plt.axis('equal')
plt.show()
```

matplotlib のインポート

散布図の軸、プロットの
サイズ、色を指定

x軸、y軸の間隔を等しく設定

図を表示

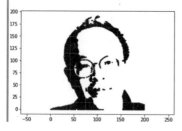

(1) 座標行列への変換を行う関数の定義

　ここでは、画像を扱うモジュール from PIL import Image と、NumPy をインポートしています。画像ファイルを座標行列に変換するプログラムの中心は、関数 imgfile2xy で定義されています。imgfile2xy の引数として filename という変数を指定する必要があります。この filename は座標行列にしたい画像ファイルのパスを指定することになります。「img = np.array(Image.open(filename).convert('L').resize((200, 200)))」で、画像データを 200 ピクセル × 200 ピクセルにリサイズしながらグレイスケール（白黒の度合いで 0〜255 の値をとる）で img に格納しています。これにより、配列 img は各ピクセルをグレイスケール値で表現しています。255 は白、0 が黒ということになります。そこで threshold（閾値）を 100 に設定し、img_bool ではそのピクセルが 100 より大きい値なら 'True'、100 以下ならば 'False' が格納されます。その後、1 ピクセルずつ 'False' であれば（そのピクセルは黒であるという意味）その x 座標、y 座標を格納し、画像の座標行列を作成していきます。ここで、y 座標において「y=np.append(y, (img_bool.shape[0]-1)-i)」となっているのは、通常の画像ファイルの y 座標は画像の左上が 0 ですが、matplotlib（1-2-8 項参照）でグラフの表現などに使う座標系では左下が 0 であるために、そうなるように値を変更しています。

(2) Google ドライブのマウント

　次に、Google ドライブ上のファイルを Google Colaboratory で読み込み・書き出しをするためには、Google ドライブのマウントをする必要があります。「from google.colab import drive」、「drive.mount('/content/drive')」はそのマウントのためのプログラムです。これについては 5-3-3 項を参照してください。

(3) 座標行列の取得

　実際に関数 imgfile2xy を使って実際の画像ファイルから座標行列を取得しているのが、「img = imgfile2xy('/content/drive/My Drive/Colab Notebooks/nakanishi.png')」です。これは、Google ドライブ上の「マイドライブ」の「Colab Notebooks」下の「nakanishi.png」ファイルを指定しています（5-3-3 項参照）。この画像ファイルのパスを関数 imgfile2xy に渡して、その画像ファイルを白黒で読み取った上で、黒の部分の座標からなる座標行列を img に格納しています。実際の変数 img の中身は、

```
array([[101., 98., 100., ..., 197., 198., 199.],
       [192., 191., 191., ..., 0., 0., 0.]])
```

とあり、x 座標、y 座標からなる列ベクトルを列方向で結合した行列（配列）となっていることがわかります。

(4) 座標行列のプロット

さらに、img に格納されている座標行列を、実際に matplotlib を使って平面上にプロットしてみましょう。img に格納されている座標を黒でプロットできれば、読み込まれた画像とほぼ同じ画像が出力されるはずです。「plt.scatter(img[0], img[1], s=1, color="black")」で、scatter は散布図を書くための命令であり、配列 img の 0 行目を x 軸、1 行目を y 軸として、プロット（点）のサイズを 1（一番小さく）と指定し、色を黒として指定しています。また、「plt.axis('equal')」は x 軸、y 軸の間隔を等しく設定しています。「plt.show()」によってプロットされた画像を出力しています。この部分のプログラムは今後、繰り返し出てきますので、押さえておいてください。

この操作において、img に格納されているデータは、画像ファイルを白黒にした上で、黒に該当するすべての座標を格納し、matplotlib というグラフを描くライブラリですべての黒の座標をプロットしたにすぎません。この操作によって表示されるものは、元画像そのものではないですが、二値化（白黒で表現された）画像がグラフ上に表現されるはずです。つまり、二値化した画像は、グラフ上に座標をプロットすることで描くことができるわけです。今回は、画像の拡大・縮小、回転、せん断、鏡映について簡単かつ単純にプログラムできるように画像を二値化し、黒の座標のみを抽出し、それを線形変換することを考えています。もし、カラー画像でやってみたい方は、応用してチャレンジしてみてください。

(5) 座標行列を変換し、画像処理を行う

前準備ができたところで、次項以降で、この画像の拡大・縮小、回転、せん断、鏡映について見ていくことにしましょう。これらの違いは、どんな表現行列 A を構成して座標行列に作用させればよいか、という話に集約されます。つまり、図 6-2 のように、もととなる座標行列を X、表現行列を A、変換されたあとの座標行列を X' とおくと、$X' = AX$ という線形変換の式で表現できることを確認してください。Python のプログラム上では、もととなる座標行列 X は上記の配列 img です。変換されたあとの座標行列 X' を配列 imgnew、表現行列を配列 A で表現すると、「imgnew = np.dot(A,img)」で線形変換が実現されます。

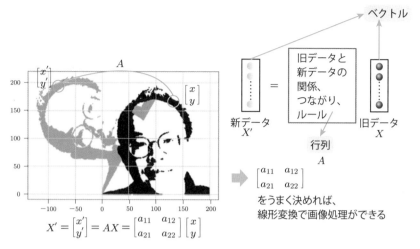

$$X' = \begin{bmatrix} x' \\ y' \end{bmatrix} = AX = \begin{bmatrix} a_{11} & a_{12} \\ a_{21} & a_{22} \end{bmatrix} \begin{bmatrix} x \\ y \end{bmatrix}$$

図 6-2 平面画像処理

6-2-2 拡大・縮小

拡大・縮小を実現する表現行列 A は、変換前の $\boldsymbol{x}$ を $\boldsymbol{x} = \begin{bmatrix} x \\ y \end{bmatrix}$ と表現すると次のようになります。

- x 軸方向に a 倍、y 軸方向に b 倍
    - $\boldsymbol{y} = A\boldsymbol{x}$
    - $$\begin{bmatrix} x' \\ y' \end{bmatrix} = \begin{bmatrix} a & 0 \\ 0 & b \end{bmatrix} \begin{bmatrix} x \\ y \end{bmatrix} \tag{6-1}$$
- 例）x 軸方向に 2 倍、y 軸方向に $1/2$ 倍

$$A = \begin{bmatrix} 2 & 0 \\ 0 & 1/2 \end{bmatrix}$$

Python のプログラムは、リスト 6-4 に示します（式 (6-1) では 1 列からなる行列を変換していますが、プログラムで変換している img は複数列からなり、結果も複数列からなる行列になります）。x 軸方向に 2 倍、y 軸方向に $1/2$ 倍する表現行列により、横に 2 倍、縦に半分とした画像が生成できることがわかります。このプログラムでは、変換前の画像を灰色、変換後の画像を黒でプロットしており、今後同様に表していくことにします。

▶リスト 6-4　拡大・縮小

```
A=np.array([          ←x 軸方向を 2 倍、y 軸方向を 1/2 倍する表現行列 A
           [2,0],
           [0,1/2]
])
```

```
imgnew=np.dot(A,img)   ←画像 img を A で変換
imgnew
```

```
array([[202., 196., 200., ..., 394., 396., 398. ],
       [ 96., 95.5, 95.5, ..., 0., 0., 0. ]])
```

```
import matplotlib.pyplot as plt
%matplotlib inline
# 元画像を灰色
plt.scatter(img[0],img[1], s=1, color="gray")
# 変換後の画像を黒色
plt.scatter(imgnew[0], imgnew[1], s=1, color="black")
plt.axis('equal')
plt.grid(which='major')
plt.show()
```

元画像 img と変換後
の画像 imgnew を描
画

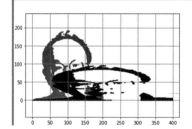

6-2-3　回　転

回転を実現する表現行列 A は次のように表されます。

・原点を中心とする θ 度回転

- $\boldsymbol{y} = A\boldsymbol{x}$

- $$\begin{bmatrix} x' \\ y' \end{bmatrix} = \begin{bmatrix} \cos\theta & -\sin\theta \\ \sin\theta & \cos\theta \end{bmatrix} \begin{bmatrix} x \\ y \end{bmatrix}$$ (6-2)

・例）原点を中心とする 60 度回転

$$A = \begin{bmatrix} \cos 60° & -\sin 60° \\ \sin 60° & \cos 60° \end{bmatrix}$$

Python のプログラムは、リスト 6-5 に示します。sin、cos などを計算するライブラ

リとして math を用います。`math.sin`、`math.cos`という関数でsin、cos を計算することができます。これらの関数を使う上で注意しなければならないことは、`math.sin`、`math.cos` の引数は度数法の値ではなく弧度法の値（ラジアン）であることです。60度を弧度法の値に変換するには`math.radians(60)`とします。これにより、原点を中心に 60 度回転した画像が生成できることがわかります。

▶リスト 6-5　回転

```
import math
A=np.array([                                    ←─ 60 度回転する表現行列 A
         [math.cos(math.radians(60)),-math.sin(math.radians(60))],
         [math.sin(math.radians(60)),math.cos(math.radians(60))]
])
```

```
imgnew=np.dot(A,img)                            ←─ 画像 img を A で変換
imgnew
```

```
array([[-115.77687753, -116.41085212, -115.41085212, ..., 98.5 ,
         99.  , 99.5  ],
     [ 183.46856578, 180.37048957, 182.10254038, ..., 170.60700455,
       171.47302995, 172.33905535]])
```

```
import matplotlib.pyplot as plt
%matplotlib inline
# 元画像を灰色
plt.scatter(img[0],img[1], s=1, color="gray")        元画像 img と変換後
# 変換後の画像を黒色                                    の画像 imgnew を描
plt.scatter(imgnew[0], imgnew[1], s=1, color="black")  画
plt.axis('equal')
plt.grid(which='major')
plt.show()
```

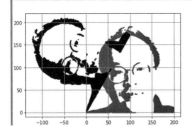

6-2-4　せん断

正方形、もしくは長方形で構成される画像を平行四辺形に変形する処理をせん断といいます。せん断を実現する表現行列 A は次のように表されます。

・y 軸から θ 度、x 軸方向へ傾けるようなせん断

$$\begin{bmatrix} x' \\ y' \end{bmatrix} = \underbrace{\begin{bmatrix} 1 & \tan\theta \\ 0 & 1 \end{bmatrix}}_{A}\begin{bmatrix} x \\ y \end{bmatrix} \tag{6-3}$$

・x 軸から θ 度、y 軸方向へ傾けるようなせん断

$$\begin{bmatrix} x' \\ y' \end{bmatrix} = \underbrace{\begin{bmatrix} 1 & 0 \\ \tan\theta & 1 \end{bmatrix}}_{A}\begin{bmatrix} x \\ y \end{bmatrix} \tag{6-4}$$

　y 軸から 60 度、x 軸方向へ傾けるようなせん断の Python のプログラムをリスト 6-6 に、x 軸から 60 度、y 軸方向へ傾けるようなせん断の Python のプログラムをリスト 6-7 に示します。tan も sin、cos と同様、math ライブラリの `math.tan` という関数で計算することができます。`math.sin`、`math.cos` と同様、引数は度数法の値ではなく弧度法の値（ラジアン）です。60 度を弧度法の値に変換するには `math.radians(60)` とします。

▶リスト 6-6　y 軸から 60 度傾けるようなせん断

```
import math

A=np.array([
        [1,math.tan(math.radians(60))],      ← y 軸から 60 度傾けるようなせん断
        [0,1]                                   の表現行列 A
])
```

```
imgnew=np.dot(A,img)                          ← 画像 img を A で変換
imgnew
```

```
array([[433.55375505, 428.82170425, 430.82170425, ..., 197.      ,
    198.    , 199.    ],
    [192.    , 191.      , 191. , ..., 0. ,
      0.    , 0.    ]])
```

```
import matplotlib.pyplot as plt
%matplotlib inline
# 元画像を灰色                                   元画像 img と変換後
plt.scatter(img[0],img[1], s=1, color="gray")   の画像 imgnew を描
# 変換後の画像を黒色                              画
plt.scatter(imgnew[0], imgnew[1], s=1, color="black")
plt.axis('equal')
plt.grid(which='major')
plt.show()
```

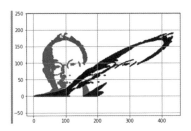

▶リスト 6-7　x 軸から 60 度傾けるようなせん断

```
import math

A=np.array([              ◀─ x 軸から 60 度傾けるようなせん断
        [1,0],                の表現行列 A
        [math.tan(math.radians(60)),1]
])
```

```
imgnew=np.dot(A,img)      ◀─ 画像 img を A で変換
imgnew
```

```
array([[101.   ,  98.   ,  100.   , ..., 197.   ,
       198.   ,199.   ],
      [366.93713156, 360.74097914, 364.20508076, ..., 341.21400909,
       342.9460599, 344.67811071]])
```

```
import matplotlib.pyplot as plt
%matplotlib inline
# 元画像を灰色
plt.scatter(img[0],img[1], s=1, color="gray")    元画像 img と変換後
# 変換後の画像を黒色                               の画像 imgnew を描
plt.scatter(imgnew[0], imgnew[1], s=1, color="black")  画
plt.axis('equal')
plt.grid(which='major')
plt.show()
```

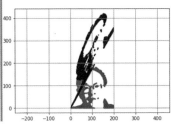

6-2-5 鏡　映

ある軸に対して画像を反転する処理のことを鏡映といいます。鏡映を実現する表現行列 A は次のように表されます。

・x 軸対称

$$\begin{bmatrix} x' \\ y' \end{bmatrix} = \underbrace{\begin{bmatrix} 1 & 0 \\ 0 & -1 \end{bmatrix}}_{A} \begin{bmatrix} x \\ y \end{bmatrix} \tag{6-5}$$

・y 軸対称

$$\begin{bmatrix} x' \\ y' \end{bmatrix} = \underbrace{\begin{bmatrix} -1 & 0 \\ 0 & 1 \end{bmatrix}}_{A} \begin{bmatrix} x \\ y \end{bmatrix} \tag{6-6}$$

x 軸対称の鏡映の Python のプログラムはリスト 6-8 に、y 軸対称の鏡映の Python のプログラムはリスト 6-9 に示します。

▶リスト 6-8　x 軸対称の鏡映

```
import math

A=np.array([              ◀─ x 軸対称に鏡映する表現行列 A
          [1,0],
          [0,-1]
])
```

```
imgnew=np.dot(A,img)   ◀─ 画像 img を A で変換
imgnew
```

```
array([[101.,  98.,  100., ..., 197., 198., 199.],
       [-192., -191., -191., ...,  0., 0., 0.]])
```

```
import matplotlib.pyplot as plt
%matplotlib inline
# 元画像を灰色
plt.scatter(img[0],img[1], s=1, color="gray")
# 変換後の画像を黒色
plt.scatter(imgnew[0], imgnew[1], s=1, color="black")
plt.axis('equal')
plt.grid(which='major')
plt.show()
```

元画像 img と変換後の画像 imgnew を描画

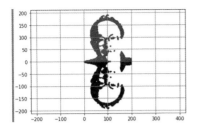

▶リスト 6-9　y 軸対称の鏡映

```
import math

A=np.array([              ←─ y 軸対称に鏡映する表現行列 A
         [-1,0],
         [0,1]
])
```

```
imgnew=np.dot(A,img)      ←─ 画像 img を A で変換
imgnew
```

```
array([[-101., -98., -100., ..., -197., -198., -199.],
       [ 192., 191., 191., ...,   0.,   0.,   0.]])
```

```
import matplotlib.pyplot as plt
%matplotlib inline
# 元画像を灰色
plt.scatter(img[0],img[1], s=1, color="gray")
# 変換後の画像を黒色
plt.scatter(imgnew[0], imgnew[1], s=1, color="black")
plt.axis('equal')
plt.grid(which='major')
plt.show()
```

元画像 img と変換後の画像 imgnew を描画

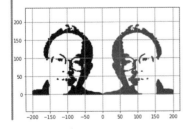

6-2-6　平行移動が線形変換で表現できないという問題

　ここまで、拡大・縮小、回転、せん断、鏡映の線形変換での実現について示してきました。しかし、前述のとおり、平行移動は線形変換で表現できません。ただし、次

のような形であれば、平行移動を施すことはできます。

- x 軸方向に a、y 軸方向に b だけ移動

$$\begin{bmatrix} x' \\ y' \end{bmatrix} = \begin{bmatrix} x \\ y \end{bmatrix} + \begin{bmatrix} a \\ b \end{bmatrix} \tag{6-7}$$

- 例）x 軸方向に 10、y 軸方向に 20 だけ移動

$$\begin{bmatrix} x' \\ y' \end{bmatrix} = \begin{bmatrix} x \\ y \end{bmatrix} + \begin{bmatrix} 10 \\ 20 \end{bmatrix}$$

これを Python のプログラムで書いたものが、リスト 6-10 になります。

▶リスト 6-10　平行移動（線形変換ではない）

```
imgnew=img+np.array([10,20]).reshape(-1,1)  ← x 成分に 10、y 成分に 20 足す
imgnew
```

```
array([[111., 108., 110., ..., 207., 208., 209.],
    [212., 211., 211., ..., 20., 20., 20.]])
```

```
import matplotlib.pyplot as plt
%matplotlib inline
# 元画像を灰色
plt.scatter(img[0],img[1], s=1, color="gray")
# 変換後の画像を黒色
plt.scatter(imgnew[0], imgnew[1], s=1, color="black")
plt.axis('equal')
plt.grid(which='major')
plt.show()
```

元画像 img と変換後の画像 imgnew を描画

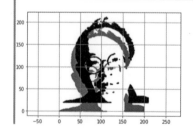

リスト 6-10 を見る限りでは、シンプルなプログラムで平行移動が実現できているように見えます。しかし、平行移動を線形変換で表現できないことは、変換の合成をするときに問題になります。

　例えば、元画像 x を 30 度回転させて、y 軸から 45 度傾けるようにせん断をして、

さらに x 軸対称に鏡映した画像 $\boldsymbol{x}'$ を作成する場合、表現行列を

- 30 度回転：A_1
- y 軸から 45 度傾けるようなせん断：A_2
- x 軸対称に鏡映：A_3

とおくと $\boldsymbol{x}' = A_3 A_2 A_1 \boldsymbol{x}$ と表現できることは、5-2 節の写像の合成で示したとおりです。もしこの操作に平行移動が混じると、途端に合成で表現できなくなってしまいます。

6-3　平面画像のアフィン変換

　上記の問題を解決するため、平行移動、拡大・縮小、回転、せん断、鏡映がすべて線形変換の形で表現できるように工夫したものがアフィン変換です（図 6-3）。

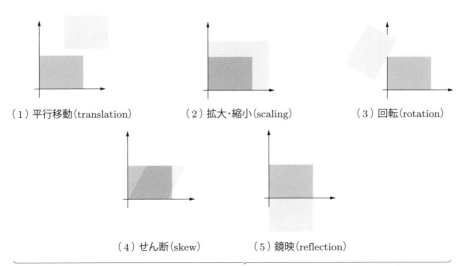

（1）平行移動（translation）　　（2）拡大・縮小（scaling）　　（3）回転（rotation）

（4）せん断（skew）　　（5）鏡映（reflection）

アフィン変換：この五つの平面画像処理を $\boldsymbol{y} = A\boldsymbol{x}$ で表現する

図 6-3　平面画像のアフィン変換

　アフィン変換は一般に、次のように表されます。

> 　元画像の座標を $\begin{bmatrix} x \\ y \end{bmatrix}$、変換後の画像の座標を $\begin{bmatrix} x' \\ y' \end{bmatrix}$ とするときに、次のような変換をアフィン変換といいます。

$$\begin{bmatrix} x' \\ y' \\ 1 \end{bmatrix} = \begin{bmatrix} a_{11} & a_{12} & a_{13} \\ a_{21} & a_{22} & a_{23} \\ 0 & 0 & 1 \end{bmatrix} \begin{bmatrix} x \\ y \\ 1 \end{bmatrix} \tag{6-8}$$

つまり、式 (6-8) の表現行列 $\begin{bmatrix} a_{11} & a_{12} & a_{13} \\ a_{21} & a_{22} & a_{23} \\ 0 & 0 & 1 \end{bmatrix}$ をうまく設定することにより、平面

画像の平行移動、拡大・縮小、回転、せん断、鏡映が実現できるということになります。

6-3-1 アフィン変換での平行移動

アフィン変換での平行移動は次のような表現行列で実現できます。

・x 軸方向に a、y 軸方向に b だけ移動

$$\begin{bmatrix} x' \\ y' \\ 1 \end{bmatrix} = \begin{bmatrix} 1 & 0 & a \\ 0 & 1 & b \\ 0 & 0 & 1 \end{bmatrix} \begin{bmatrix} x \\ y \\ 1 \end{bmatrix} = \begin{bmatrix} 1 \times x + 0 \times y + 1 \times a \\ 0 \times x + 1 \times y + 1 \times b \\ 0 \times x + 0 \times y + 1 \times 1 \end{bmatrix} = \begin{bmatrix} x + a \\ y + b \\ 1 \end{bmatrix} \tag{6-9}$$

このように設定すれば式 (6-7) と同じ結果になります。

リスト 6-11 に、アフィン変換での平行移動（x 軸方向に 10、y 軸方向に 20 だけ移動）の Python でのプログラムを示します。

▶リスト 6-11 アフィン変換での平行移動

```
import math

A=np.array([                    ← 平行移動の表現行列
        [1, 0, 10],
        [0, 1, 20],
        [0, 0, 1]
])
```

```
# データ行列の2行目に成分が1の行を追加する
img1=np.insert(img, 2, 1, axis=0)    ← 画像 img に 2 番目の成分として "1" を追加
img1                                    し img1 を作る
```

```
array([[101., 98., 100., ..., 197., 198., 199.],
    [192., 191., 191., ..., 0., 0., 0.],
    [ 1., 1., 1., ..., 1., 1., 1.]])
```

```
imgnew=np.dot(A,img1)           ← img1 を A で変換し imgnew を作る
imgnew
```

```
array([[111., 108., 110., ..., 207., 208., 209.],
       [212., 211., 211., ...,  20.,  20.,  20.],
       [  1.,   1.,   1., ...,   1.,   1.,   1.]])
```

```
# 変換後のデータ行列の2行目を消去
imgnew=np.delete(imgnew, 2, axis=0)    ← imgnew の 2 番目の成分を削除
imgnew
```

```
array([[111., 108., 110., ..., 207., 208., 209.],
       [212., 211., 211., ...,  20.,  20.,  20.]])
```

```
import matplotlib.pyplot as plt
%matplotlib inline
# 元画像を灰色
plt.scatter(img[0],img[1], s=1, color="gray")
# 変換後の画像を黒色
plt.scatter(imgnew[0], imgnew[1], s=1, color="black")
plt.axis('equal')
plt.grid(which='major')
plt.show()
```

元画像 img と変換後の画像 imgnew を描画

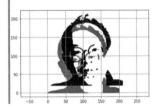

　ここで注意したいのは、配列 img は座標行列として x 座標、y 座標の値を格納していますが、アフィン変換では、「1」という要素を加える必要がある点です。「img1=np.insert(img, 2, 1, axis=0)」で、2 行目（配列は 0 行目、1 行目、2 行目と数える）に成分がすべて「1」の行を追加しています。また、線形変換後の配列 imgnew にも「1」という要素が追加されるので、求める結果を得るために、逆に「imgnew=np.delete(imgnew, 2, axis=0)」で 2 行目を削除しています。

6-3-2　アフィン変換での拡大・縮小

　アフィン変換での拡大・縮小は次のような表現行列で実現できます。

・x 軸方向に a 倍、y 方向に b 倍

$$\begin{bmatrix} x' \\ y' \\ 1 \end{bmatrix} = \begin{bmatrix} a & 0 & 0 \\ 0 & b & 0 \\ 0 & 0 & 1 \end{bmatrix} \begin{bmatrix} x \\ y \\ 1 \end{bmatrix} \tag{6-10}$$

リスト 6-12 に、アフィン変換での拡大・縮小（x 軸方向に 2 倍、y 軸方向に 1/2 倍）の Python でのプログラムを示します。

▶リスト 6-12　アフィン変換での拡大・縮小

```
import math

A=np.array([                    ← 拡大・縮小の表現行列
          [2, 0, 0],
          [0, 1/2, 0],
          [0, 0, 1]
])

# データ行列の2行目に成分が1の行を追加する
img1=np.insert(img, 2, 1, axis=0)   ← 画像 img に 2 番目の成分として "1" を追加
                                       し img1 を作る

imgnew=np.dot(A,img1)               ← img1 を A で変換し imgnew を作る

# 変換後のデータ行列の2行目を消去
imgnew=np.delete(imgnew, 2, axis=0)   ← imgnew の 2 番目の成分を削除
imgnew
```

```
array([[202. , 196. , 200. , ..., 394. , 396. , 398. ],
    [ 96. , 95.5, 95.5, ..., 0. , 0. , 0. ]])
```

```
import matplotlib.pyplot nas plt
%matplotlib inline
# 元画像を灰色
plt.scatter(img[0],img[1], s=1, color="gray")          元画像 img と変換後
# 変換後の画像を黒色                                      の画像 imgnew を描
plt.scatter(imgnew[0], imgnew[1], s=1, color="black")   画
plt.axis('equal')
plt.grid(which='major')
plt.show()
```

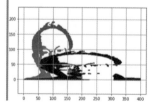

6-3-3　アフィン変換での回転

アフィン変換での回転は、次のような表現行列で実現できます。

• 原点を中心とする θ 度回転

$$\begin{bmatrix} x' \\ y' \\ 1 \end{bmatrix} = \begin{bmatrix} \cos\theta & -\sin\theta & 0 \\ \sin\theta & \cos\theta & 0 \\ 0 & 0 & 1 \end{bmatrix} \begin{bmatrix} x \\ y \\ 1 \end{bmatrix} \tag{6-11}$$

リスト 6-13 に、アフィン変換での原点を中心とする 60 度回転の Python でのプログラムを示します。

▶リスト 6-13 アフィン変換での回転

```
import math

A=np.array([                                    ← 回転の表現行列
        [math.cos(math.radians(60)), -math.sin(math.radians(60)), 0],
        [math.sin(math.radians(60)), math.cos(math.radians(60)), 0],
        [0, 0, 1]
])

# データ行列の2行目に成分が1の行を追加する
img1=np.insert(img, 2, 1, axis=0)    ← 画像 img に 2 番目の成分として "1" を追加
                                        し img1 を作る

imgnew=np.dot(A,img1)                 ← img1 を A で変換し imgnew を作る

# 変換後のデータ行列の2行目を消去
imgnew=np.delete(imgnew, 2, axis=0)   ← imgnew の 2 番目の成分を削除
imgnew
```

```
array([[-115.77687753, -116.41085212, -115.41085212, ..., 98.5 ,
         99.  , 99.5 ],
       [ 183.46856578, 180.37048957, 182.10254038, ..., 170.60700455,
         171.47302995, 172.33905535]])
```

```
import matplotlib.pyplot as plt
%matplotlib inline
# 元画像を灰色
plt.scatter(img[0],img[1], s=1, color="gray")      元画像 img と変換後
# 変換後の画像を黒色                                   の画像 imgnew を描
plt.scatter(imgnew[0], imgnew[1], s=1, color="black") 画
plt.axis('equal')
plt.grid(which='major')
plt.show()
```

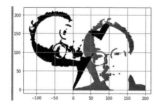

6-3-4　アフィン変換でのせん断

アフィン変換でのせん断は次のような表現行列で実現できます。

・y 軸から θ 度傾けるようなせん断

$$\begin{bmatrix} x' \\ y' \\ 1 \end{bmatrix} = \begin{bmatrix} 1 & \tan\theta & 0 \\ 0 & 1 & 0 \\ 0 & 0 & 1 \end{bmatrix} \begin{bmatrix} x \\ y \\ 1 \end{bmatrix} \tag{6-12}$$

・x 軸から θ 度傾けるようなせん断

$$\begin{bmatrix} x' \\ y' \\ 1 \end{bmatrix} = \begin{bmatrix} 1 & 0 & 0 \\ \tan\theta & 1 & 0 \\ 0 & 0 & 1 \end{bmatrix} \begin{bmatrix} x \\ y \\ 1 \end{bmatrix} \tag{6-13}$$

リスト 6-14 に、アフィン変換での y 軸から 60 度傾けるようなせん断の Python でのプログラムを、リスト 6-15 に、アフィン変換での x 軸から 60 度傾けるようなせん断の Python でのプログラムを示します。

▶リスト 6-14　アフィン変換での y 軸から 60 度傾けるようなせん断

```
import math

A=np.array([                                    ← せん断の表現行列
        [1, math.tan(math.radians(60)), 0],
        [0, 1, 0],
        [0, 0, 1]
])
```

```
# データ行列の2行目に成分が1の行を追加する
img1=np.insert(img, 2, 1, axis=0)    ← 画像 img に 2 番目の成分として "1" を追加
                                       し img1 を作る

imgnew=np.dot(A,img1)                ← img1 を A で変換し imgnew を作る
```

```
# 変換後のデータ行列の2行目を消去
imgnew=np.delete(imgnew, 2, axis=0)  ← imgnew の 2 番目の成分を削除
```

```
imgnew
```

```
array([[433.55375505, 428.82170425, 430.82170425, ..., 197.   ,
        198.   , 199.   ],
       [192.   , 191.   , 191. , ..., 0.   ,
        0.   , 0.   ]])
```

```
import matplotlib.pyplot as plt
%matplotlib inline
# 元画像を灰色
plt.scatter(img[0],img[1], s=1, color="gray")
# 変換後の画像を黒色
plt.scatter(imgnew[0], imgnew[1], s=1, color="black")
plt.axis('equal')
plt.grid(which='major')
plt.show()
```

元画像 img と変換後
の画像 imgnew を描
画

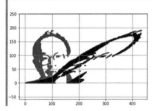

▶リスト 6-15　アフィン変換での x 軸から 60 度傾けるようなせん断

```
import math

A=np.array([                          ← せん断の表現行列
        [1, 0, 0],
        [math.tan(math.radians(60)), 1, 0],
        [0, 0, 1]
])
```

```
# データ行列の2行目に成分が1の行を追加する
img1=np.insert(img, 2, 1, axis=0)    ← 画像 img に 2 番目の成分として "1" を追加
                                        し img1 を作る

imgnew=np.dot(A,img1)                 ← img1 を A で変換し imgnew を作る
```

```
# 変換後のデータ行列の2行目を消去
imgnew=np.delete(imgnew, 2, axis=0)  ← imgnew の 2 番目の成分を削除
imgnew
```

```
array([[101.    , 98.    , 100. , ..., 197. ,
        198.    , 199.    ],
       [366.93713156, 360.74097914, 364.20508076, ..., 341.21400909,
        342.9460599 , 344.67811071]])
```

```
import matplotlib.pyplot as plt
%matplotlib inline
# 元画像を灰色
plt.scatter(img[0],img[1], s=1, color="gray")
# 変換後の画像を黒色
plt.scatter(imgnew[0], imgnew[1], s=1, color="black")
plt.axis('equal')
plt.grid(which='major')
plt.show()
```

元画像 img と変換後
の画像 imgnew を描
画

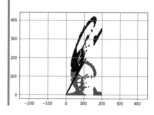

6-3-5　アフィン変換での鏡映

アフィン変換での鏡映は次のような表現行列で実現できます。

・x 軸対称

$$\begin{bmatrix} x' \\ y' \\ 1 \end{bmatrix} = \begin{bmatrix} 1 & 0 & 0 \\ 0 & -1 & 0 \\ 0 & 0 & 1 \end{bmatrix} \begin{bmatrix} x \\ y \\ 1 \end{bmatrix} \qquad (6\text{-}14)$$

・y 軸対称

$$\begin{bmatrix} x' \\ y' \\ 1 \end{bmatrix} = \begin{bmatrix} -1 & 0 & 0 \\ 0 & 1 & 0 \\ 0 & 0 & 1 \end{bmatrix} \begin{bmatrix} x \\ y \\ 1 \end{bmatrix} \qquad (6\text{-}15)$$

リスト 6-16 に、アフィン変換での x 軸対称の鏡映の Python でのプログラムを、リスト 6-17 に、アフィン変換での y 軸対称の鏡映の Python でのプログラムを示します。

▶リスト 6-16　アフィン変換での x 軸対称の鏡映

```
import math
```

```
A=np.array([                        ←鏡映の表現行列
          [1, 0, 0],
          [0, -1, 0],
          [0, 0, 1]
])
```

```
# データ行列の2行目に成分が1の行を追加する
img1=np.insert(img, 2, 1, axis=0)   ←画像 img に 2 番目の成分として "1" を追加
                                      し img1 を作る

imgnew=np.dot(A,img1)               ←img1 を A で変換し imgnew を作る

# 変換後のデータ行列の2行目を消去
imgnew=np.delete(imgnew, 2, axis=0)  ←imgnew の 2 番目の成分を削除
imgnew
```

```
array([[ 101., 98., 100., ..., 197., 198., 199.],
    [-192., -191., -191., ..., 0., 0., 0.]])
```

```
import matplotlib.pyplot as plt
%matplotlib inline
# 元画像を灰色
plt.scatter(img[0],img[1], s=1, color="gray")     元画像 img と変換後
# 変換後の画像を黒色                                   の画像 imgnew を描
plt.scatter(imgnew[0], imgnew[1], s=1, color="black")  画
plt.axis('equal')
plt.grid(which='major')
plt.show()
```

▶リスト 6-17　アフィン変換での y 軸対称の鏡映

```
import math

A=np.array([                        ←鏡映の表現行列
          [-1, 0, 0],
          [0, 1, 0],
          [0, 0, 1]
])
```

```
# データ行列の2行目に成分が1の行を追加する
img1=np.insert(img, 2, 1, axis=0)
```
← 画像 img に 2 番目の成分として "1" を追加
し img1 を作る

```
imgnew=np.dot(A,img1)
```
← img1 を A で変換し imgnew を作る

```
# 変換後のデータ行列の2行目を消去
imgnew=np.delete(imgnew, 2, axis=0)
imgnew
```
← imgnew の 2 番目の成分を削除

```
array([[-101., -98., -100., ..., -197., -198., -199.],
       [ 192., 191., 191., ...,  0.,   0.,   0.]])
```

```
import matplotlib.pyplot as plt
%matplotlib inline
# 元画像を灰色
plt.scatter(img[0],img[1], s=1, color="gray")
# 変換後の画像を黒色
plt.scatter(imgnew[0], imgnew[1], s=1, color="black")
plt.axis('equal')
plt.grid(which='major')
plt.show()
```
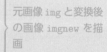
元画像 img と変換後
の画像 imgnew を描
画

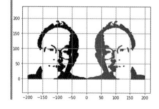

6-3-6　アフィン変換の合成

　例えば、「原点を中心に 60 度回転したあと、x 軸方向に 10、y 軸方向に 20 平行移動し、x 軸対称に鏡映してみる」場合、リスト 6-18 のようにまとめて計算することが可能です。「A=np.dot(A3,np.dot(A2,A1))」で、60 度回転の表現行列 A1、x 軸方向に 10、y 軸方向に 20 平行移動の表現行列 A2、x 軸対称に鏡映の表現行列 A3 を合成して、一つの表現行列 A を作成してから線形変換を実現します。np.dot 関数には二つまでしか行列を与えることができないため、あとから順番に入れ子で記述します。これによって様々なアフィン変換の合成が可能になります。

▶リスト 6-18　アフィン変換の合成

```python
import math

A1=np.array([
        [math.cos(math.radians(60)), -math.sin(math.radians(60)), 0],
        [math.sin(math.radians(60)), math.cos(math.radians(60)), 0],
        [0, 0, 1]
])

A2=np.array([
        [1, 0, 10],
        [0, 1, 20],
        [0, 0, 1]
])

A3=np.array([
        [1, 0, 0],
        [0, -1, 0],
        [0, 0, 1]
])
```

```python
# A3, A2, A1を合成する
A=np.dot(A3, np.dot(A2,A1))
```

```python
# データ行列の2行目に成分が1の行を追加する
img1=np.insert(img, 2, 1, axis=0)

imgnew=np.dot(A,img1)
```

```python
# 変換後のデータ行列の2行目を消去
imgnew=np.delete(imgnew, 2, axis=0)
imgnew
```

```
array([[-105.77687753, -106.41085212, -105.41085212, ...,  108.5  ,
        109.  ,  109.5  ],
       [-203.46856578, -200.37048957, -202.10254038, ..., -190.60700455,
        -191.47302995, -192.33905535]])
```

```python
import matplotlib.pyplot as plt
%matplotlib inline
# 元画像を灰色
plt.scatter(img[0],img[1], s=1, color="gray")
# 変換後の画像を黒色
plt.scatter(imgnew[0], imgnew[1], s=1, color="black")
```

```
plt.axis('equal')
plt.grid(which='major')
plt.show()
```

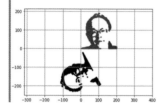

6-4　3次元でのアフィン変換

　3次元、つまり3Dオブジェクトに対してもアフィン変換を実現できます。3Dオブジェクトの点の座標は3次元ベクトルで表せますので、3次元の線形変換でアフィン変換を実現します。一般的な定義は下記のとおりになります。

> 　元画像の座標を $\begin{bmatrix} x \\ y \\ z \end{bmatrix}$、変換後の画像の座標を $\begin{bmatrix} x' \\ y' \\ z' \end{bmatrix}$ とするときに、次のような変
>
> 換をアフィン変換といいます。
>
> $$\begin{bmatrix} x' \\ y' \\ z' \\ 1 \end{bmatrix} = \begin{bmatrix} a_{11} & a_{12} & a_{13} & a_{14} \\ a_{21} & a_{22} & a_{23} & a_{24} \\ a_{31} & a_{32} & a_{33} & a_{34} \\ 0 & 0 & 0 & 1 \end{bmatrix} \begin{bmatrix} x \\ y \\ z \\ 1 \end{bmatrix} \qquad (6\text{-}16)$$

　つまり、式 (6-16) の表現行列 $\begin{bmatrix} a_{11} & a_{12} & a_{13} & a_{14} \\ a_{21} & a_{22} & a_{23} & a_{24} \\ a_{31} & a_{32} & a_{33} & a_{34} \\ 0 & 0 & 0 & 1 \end{bmatrix}$ をうまく設定することにより、

3Dオブジェクトの平行移動、拡大・縮小、回転、せん断、鏡映が実現できるということになります。

　ここまでの2次元、3次元のアフィン変換のまとめを、表6-1に示します。以下の変換のプログラムの実行イメージは、この表を参照してください。

6-4-1　3次元のアフィン変換での平行移動

　3次元のアフィン変換での平行移動は次のように実現できます。

• x 軸方向に a、y 軸方向に b、z 軸方向に c だけ移動

$$\begin{bmatrix} x' \\ y' \\ z' \\ 1 \end{bmatrix} = \begin{bmatrix} 1 & 0 & 0 & a \\ 0 & 1 & 0 & b \\ 0 & 0 & 1 & c \\ 0 & 0 & 0 & 1 \end{bmatrix} \begin{bmatrix} x \\ y \\ z \\ 1 \end{bmatrix}$$

6-4-2　3次元のアフィン変換での拡大・縮小
3次元のアフィン変換での拡大・縮小は次のように実現できます。
• x 軸方向に a 倍、y 軸方向に b 倍、z 軸方向に c 倍拡大・縮小

$$\begin{bmatrix} x' \\ y' \\ z' \\ 1 \end{bmatrix} = \begin{bmatrix} a & 0 & 0 & 0 \\ 0 & b & 0 & 0 \\ 0 & 0 & c & 0 \\ 0 & 0 & 0 & 1 \end{bmatrix} \begin{bmatrix} x \\ y \\ z \\ 1 \end{bmatrix}$$

6-4-3　3次元のアフィン変換での回転
3次元のアフィン変換での回転は次のように実現できます。
• x 軸まわりに θ 度回転

$$\begin{bmatrix} x' \\ y' \\ z' \\ 1 \end{bmatrix} = \begin{bmatrix} 1 & 0 & 0 & 0 \\ 0 & \cos\theta & -\sin\theta & 0 \\ 0 & \sin\theta & \cos\theta & 0 \\ 0 & 0 & 0 & 1 \end{bmatrix} \begin{bmatrix} x \\ y \\ z \\ 1 \end{bmatrix}$$

• y 軸まわりに θ 度回転

$$\begin{bmatrix} x' \\ y' \\ z' \\ 1 \end{bmatrix} = \begin{bmatrix} \cos\theta & 0 & \sin\theta & 0 \\ 0 & 1 & 0 & 0 \\ -\sin\theta & 0 & \cos\theta & 0 \\ 0 & 0 & 0 & 1 \end{bmatrix} \begin{bmatrix} x \\ y \\ z \\ 1 \end{bmatrix}$$

• z 軸まわりに θ 度回転

$$\begin{bmatrix} x' \\ y' \\ z' \\ 1 \end{bmatrix} = \begin{bmatrix} \cos\theta & -\sin\theta & 0 & 0 \\ \sin\theta & \cos\theta & 0 & 0 \\ 0 & 0 & 1 & 0 \\ 0 & 0 & 0 & 1 \end{bmatrix} \begin{bmatrix} x \\ y \\ z \\ 1 \end{bmatrix}$$

表 6-1　2次元、3次元のアフィン変換のまとめ

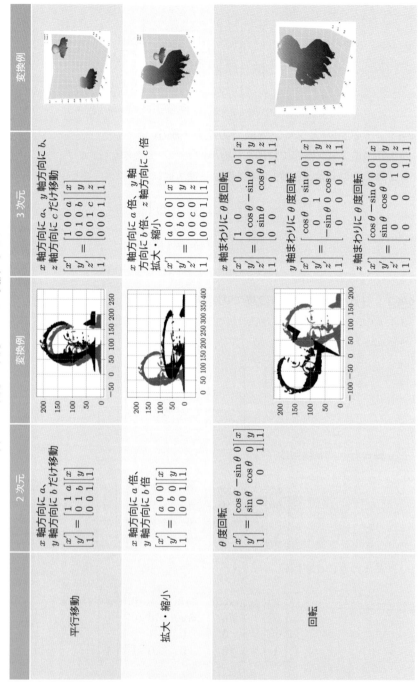

	2次元	変換例	3次元	変換例
平行移動	x軸方向に a、y軸方向に b だけ移動 $$\begin{bmatrix} x' \\ y' \\ 1 \end{bmatrix} = \begin{bmatrix} 1 & 1 & a \\ 0 & 1 & b \\ 0 & 0 & 1 \end{bmatrix}\begin{bmatrix} x \\ y \\ 1 \end{bmatrix}$$		x軸方向に a、y軸方向に b、z軸方向に c だけ移動 $$\begin{bmatrix} x' \\ y' \\ z' \\ 1 \end{bmatrix} = \begin{bmatrix} 1 & 0 & 0 & a \\ 0 & 1 & 0 & b \\ 0 & 0 & 1 & c \\ 0 & 0 & 0 & 1 \end{bmatrix}\begin{bmatrix} x \\ y \\ z \\ 1 \end{bmatrix}$$	
拡大・縮小	x軸方向に a倍、y軸方向に b倍 $$\begin{bmatrix} x' \\ y' \\ 1 \end{bmatrix} = \begin{bmatrix} a & 0 & 0 \\ 0 & b & 0 \\ 0 & 0 & 1 \end{bmatrix}\begin{bmatrix} x \\ y \\ 1 \end{bmatrix}$$		x軸方向に a倍、y軸方向に b倍、z軸方向に c倍 $$\begin{bmatrix} x' \\ y' \\ z' \\ 1 \end{bmatrix} = \begin{bmatrix} a & 0 & 0 & 0 \\ 0 & b & 0 & 0 \\ 0 & 0 & c & 0 \\ 0 & 0 & 0 & 1 \end{bmatrix}\begin{bmatrix} x \\ y \\ z \\ 1 \end{bmatrix}$$	
回転	θ度回転 $$\begin{bmatrix} x' \\ y' \\ 1 \end{bmatrix} = \begin{bmatrix} \cos\theta & -\sin\theta & 0 \\ \sin\theta & \cos\theta & 0 \\ 0 & 0 & 1 \end{bmatrix}\begin{bmatrix} x \\ y \\ 1 \end{bmatrix}$$		x軸まわりに θ度回転 $$\begin{bmatrix} x' \\ y' \\ z' \\ 1 \end{bmatrix} = \begin{bmatrix} 1 & 0 & 0 & 0 \\ 0 & \cos\theta & -\sin\theta & 0 \\ 0 & \sin\theta & \cos\theta & 0 \\ 0 & 0 & 0 & 1 \end{bmatrix}\begin{bmatrix} x \\ y \\ z \\ 1 \end{bmatrix}$$ y軸まわりに θ度回転 $$\begin{bmatrix} x' \\ y' \\ z' \\ 1 \end{bmatrix} = \begin{bmatrix} \cos\theta & 0 & \sin\theta & 0 \\ 0 & 1 & 0 & 0 \\ -\sin\theta & 0 & \cos\theta & 0 \\ 0 & 0 & 0 & 1 \end{bmatrix}\begin{bmatrix} x \\ y \\ z \\ 1 \end{bmatrix}$$ z軸まわりに θ度回転 $$\begin{bmatrix} x' \\ y' \\ z' \\ 1 \end{bmatrix} = \begin{bmatrix} \cos\theta & -\sin\theta & 0 & 0 \\ \sin\theta & \cos\theta & 0 & 0 \\ 0 & 0 & 1 & 0 \\ 0 & 0 & 0 & 1 \end{bmatrix}\begin{bmatrix} x \\ y \\ z \\ 1 \end{bmatrix}$$	

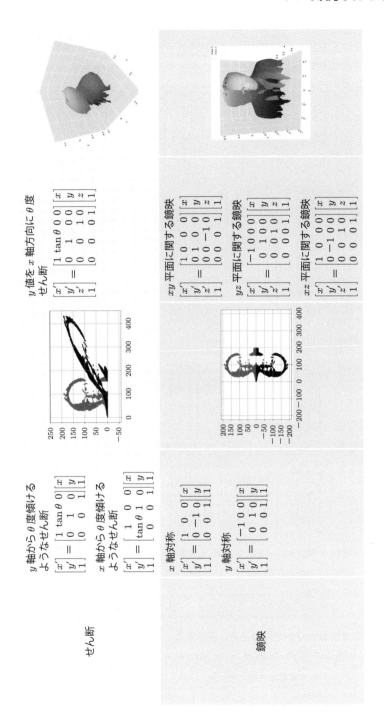

せん断

y軸から θ度傾ける ようなせん断

$$\begin{bmatrix} x' \\ y' \\ 1 \end{bmatrix} = \begin{bmatrix} 1 & \tan\theta & 0 \\ 0 & 1 & 0 \\ 0 & 0 & 1 \end{bmatrix}\begin{bmatrix} x \\ y \\ 1 \end{bmatrix}$$

x軸から θ度傾ける ようなせん断

$$\begin{bmatrix} x' \\ y' \\ 1 \end{bmatrix} = \begin{bmatrix} 1 & 0 & 0 \\ \tan\theta & 1 & 0 \\ 0 & 0 & 1 \end{bmatrix}\begin{bmatrix} x \\ y \\ 1 \end{bmatrix}$$

y値を x軸方向に θ度 せん断

$$\begin{bmatrix} x' \\ y' \\ z' \\ 1 \end{bmatrix} = \begin{bmatrix} 1 & \tan\theta & 0 & 0 \\ 0 & 1 & 0 & 0 \\ 0 & 0 & 1 & 0 \\ 0 & 0 & 0 & 1 \end{bmatrix}\begin{bmatrix} x \\ y \\ z \\ 1 \end{bmatrix}$$

鏡映

x軸対称

$$\begin{bmatrix} x' \\ y' \\ 1 \end{bmatrix} = \begin{bmatrix} 1 & 0 & 0 \\ 0 & -1 & 0 \\ 0 & 0 & 1 \end{bmatrix}\begin{bmatrix} x \\ y \\ 1 \end{bmatrix}$$

y軸対称

$$\begin{bmatrix} x' \\ y' \\ 1 \end{bmatrix} = \begin{bmatrix} -1 & 0 & 0 \\ 0 & 1 & 0 \\ 0 & 0 & 1 \end{bmatrix}\begin{bmatrix} x \\ y \\ 1 \end{bmatrix}$$

xy平面に関する鏡映

$$\begin{bmatrix} x' \\ y' \\ z' \\ 1 \end{bmatrix} = \begin{bmatrix} 1 & 0 & 0 & 0 \\ 0 & 1 & 0 & 0 \\ 0 & 0 & -1 & 0 \\ 0 & 0 & 0 & 1 \end{bmatrix}\begin{bmatrix} x \\ y \\ z \\ 1 \end{bmatrix}$$

yz平面に関する鏡映

$$\begin{bmatrix} x' \\ y' \\ z' \\ 1 \end{bmatrix} = \begin{bmatrix} -1 & 0 & 0 & 0 \\ 0 & 1 & 0 & 0 \\ 0 & 0 & 1 & 0 \\ 0 & 0 & 0 & 1 \end{bmatrix}\begin{bmatrix} x \\ y \\ z \\ 1 \end{bmatrix}$$

xz平面に関する鏡映

$$\begin{bmatrix} x' \\ y' \\ z' \\ 1 \end{bmatrix} = \begin{bmatrix} 1 & 0 & 0 & 0 \\ 0 & -1 & 0 & 0 \\ 0 & 0 & 1 & 0 \\ 0 & 0 & 0 & 1 \end{bmatrix}\begin{bmatrix} x \\ y \\ z \\ 1 \end{bmatrix}$$

6-4-4　3 次元のアフィン変換でのせん断

3 次元のアフィン変換でのせん断の例を一つ挙げます。

・例）y 値を x 軸方向に θ 度せん断

$$
\begin{bmatrix} x' \\ y' \\ z' \\ 1 \end{bmatrix} = \begin{bmatrix} 1 & \tan\theta & 0 & 0 \\ 0 & 1 & 0 & 0 \\ 0 & 0 & 1 & 0 \\ 0 & 0 & 0 & 1 \end{bmatrix} \begin{bmatrix} x \\ y \\ z \\ 1 \end{bmatrix}
$$

6-4-5　3 次元のアフィン変換での鏡映

3 次元のアフィン変換での鏡映は次のように実現できます。

・xy 平面に関する鏡映

$$
\begin{bmatrix} x' \\ y' \\ z' \\ 1 \end{bmatrix} = \begin{bmatrix} 1 & 0 & 0 & 0 \\ 0 & 1 & 0 & 0 \\ 0 & 0 & -1 & 0 \\ 0 & 0 & 0 & 1 \end{bmatrix} \begin{bmatrix} x \\ y \\ z \\ 1 \end{bmatrix}
$$

・yz 平面に関する鏡映

$$
\begin{bmatrix} x' \\ y' \\ z' \\ 1 \end{bmatrix} = \begin{bmatrix} -1 & 0 & 0 & 0 \\ 0 & 1 & 0 & 0 \\ 0 & 0 & 1 & 0 \\ 0 & 0 & 0 & 1 \end{bmatrix} \begin{bmatrix} x \\ y \\ z \\ 1 \end{bmatrix}
$$

・xz 平面に関する鏡映

$$
\begin{bmatrix} x' \\ y' \\ z' \\ 1 \end{bmatrix} = \begin{bmatrix} 1 & 0 & 0 & 0 \\ 0 & -1 & 0 & 0 \\ 0 & 0 & 1 & 0 \\ 0 & 0 & 0 & 1 \end{bmatrix} \begin{bmatrix} x \\ y \\ z \\ 1 \end{bmatrix}
$$

このようにアフィン変換を使えば、画像処理の基本的な変換を行うことが簡単に可能になります。通常、3 次元の画像処理では、6-2 節のような変換ではなくアフィン変換を使います。

> **一歩深く** ▶ ・・・ **3D オブジェクトを読み込み、表示する**
>
> 　3D オブジェクトを表現するファイル形式はいくつか存在しますが、本書では ply ファイルという形式を用いています。表 6-1 で示した 3D オブジェクトは ply ファイルを読み込み、アフィン変換を施した上で表示をさせています。ply ファイルのサンプルは Web サ

イトで公開されているものもあります。自分自身で3Dオブジェクト、つまり、plyファイルを気軽に作成したい場合は、Standard Cyborg社[11]のiPhone用アプリ「Capture: 3D Scan Anything」[12]を使ってみましょう。実際、表6-1で示した3Dオブジェクトは「Capture: 3D Scan Anything」を使って作成しました。具体的な方法については、文献[13]を参照してください。

Pythonでplyファイルを読み込むためには、Open3Dというモジュールが必要となります。Google Colaboratory上のセルに「`!pip install open3d`」と入力するとインストールされ、使うことができるようになります。図6-4のようになればインストールは成功です。

```
[1] !pip install open3d

Collecting open3d
  Downloading https://files.pythonhosted.org/packages/60/f9/c4ae8750e8c90d3d45da45ff08f87040ec70dc596a1c94a3bef01faff6ce/open3d-0.10.0.0-cp36-cp36m-manylinux1_x86_64.whl (4.6MB)
     |████████████████████████████████| 4.6MB 2.7MB/s
Requirement already satisfied: matplotlib in /usr/local/lib/python3.6/dist-packages (from open3d) (3.2.2)
Requirement already satisfied: ipywidgets in /usr/local/lib/python3.6/dist-packages (from open3d) (7.5.1)
Requirement already satisfied: numpy in /usr/local/lib/python3.6/dist-packages (from open3d) (1.18.5)
Requirement already satisfied: widgetsnbextension in /usr/local/lib/python3.6/dist-packages (from open3d) (3.5.1)
Requirement already satisfied: notebook in /usr/local/lib/python3.6/dist-packages (from open3d) (5.3.1)
Requirement already satisfied: pyparsing!=2.0.4,!=2.1.2,!=2.1.6,>=2.0.1 in /usr/local/lib/python3.6/dist-packages (from matplotlib->open3d) (2.4.7)
Requirement already satisfied: python-dateutil>=2.1 in /usr/local/lib/python3.6/dist-packages (from matplotlib->open3d) (2.8.1)
Requirement already satisfied: kiwisolver>=1.0.1 in /usr/local/lib/python3.6/dist-packages (from matplotlib->open3d) (1.2.0)
Requirement already satisfied: cycler>=0.10 in /usr/local/lib/python3.6/dist-packages (from matplotlib->open3d) (0.10.0)
Requirement already satisfied: nbformat>=4.2.0 in /usr/local/lib/python3.6/dist-packages (from ipywidgets->open3d) (5.0.7)
Requirement already satisfied: ipython>=4.0.0; python_version >= "3.3" in /usr/local/lib/python3.6/dist-packages (from ipywidgets->open3d) (5.5.0)
Requirement already satisfied: traitlets>=4.3.1 in /usr/local/lib/python3.6/dist-packages (from ipywidgets->open3d) (4.3.3)
Requirement already satisfied: ipykernel>=4.5.1 in /usr/local/lib/python3.6/dist-packages (from ipywidgets->open3d) (4.10.1)
Requirement already satisfied: ipython-genutils in /usr/local/lib/python3.6/dist-packages (from notebook->open3d) (0.2.0)
Requirement already satisfied: tornado>=4 in /usr/local/lib/python3.6/dist-packages (from notebook->open3d) (5.1.1)
Requirement already satisfied: jupyter-client>=5.2.0 in /usr/local/lib/python3.6/dist-packages (from notebook->open3d) (5.3.5)
Requirement already satisfied: jinja2 in /usr/local/lib/python3.6/dist-packages (from notebook->open3d) (2.11.2)
Requirement already satisfied: Send2Trash in /usr/local/lib/python3.6/dist-packages (from notebook->open3d) (1.5.0)
Requirement already satisfied: jupyter-core>=4.4.0 in /usr/local/lib/python3.6/dist-packages (from notebook->open3d) (4.6.3)
Requirement already satisfied: terminado>=0.8.1 in /usr/local/lib/python3.6/dist-packages (from notebook->open3d) (0.8.3)
Requirement already satisfied: nbconvert in /usr/local/lib/python3.6/dist-packages (from notebook->open3d) (5.6.1)
Requirement already satisfied: six>=1.5 in /usr/local/lib/python3.6/dist-packages (from python-dateutil>=2.1->matplotlib->open3d) (1.15.0)
Requirement already satisfied: jsonschema!=2.5.0,>=2.4 in /usr/local/lib/python3.6/dist-packages (from nbformat>=4.2.0->ipywidgets->open3d) (2.6.0)
Requirement already satisfied: prompt-toolkit<2.0.0,>=1.0.4 in /usr/local/lib/python3.6/dist-packages (from ipython>=4.0.0; python_version >= "3.3"->ipywidgets->open3d) (1.0.18)
Requirement already satisfied: simplegeneric>0.8 in /usr/local/lib/python3.6/dist-packages (from ipython>=4.0.0; python_version >= "3.3"->ipywidgets->open3d) (0.8.1)
Requirement already satisfied: pexpect; sys_platform != "win32" in /usr/local/lib/python3.6/dist-packages (from ipython>=4.0.0; python_version >= "3.3"->ipywidgets->open3d) (4.8.0)
Requirement already satisfied: pygments in /usr/local/lib/python3.6/dist-packages (from ipython>=4.0.0; python_version >= "3.3"->ipywidgets->open3d) (2.1.3)
Requirement already satisfied: pickleshare in /usr/local/lib/python3.6/dist-packages (from ipython>=4.0.0; python_version >= "3.3"->ipywidgets->open3d) (0.7.5)
Requirement already satisfied: setuptools>=18.5 in /usr/local/lib/python3.6/dist-packages (from ipython>=4.0.0; python_version >= "3.3"->ipywidgets->open3d) (49.2.0)
Requirement already satisfied: decorator in /usr/local/lib/python3.6/dist-packages (from ipython>=4.0.0; python_version >= "3.3"->ipywidgets->open3d) (4.4.2)
Requirement already satisfied: pyzmq>=13 in /usr/local/lib/python3.6/dist-packages (from jupyter-client>=5.2.0->notebook->open3d) (19.0.2)
Requirement already satisfied: MarkupSafe>=0.23 in /usr/local/lib/python3.6/dist-packages (from jinja2->notebook->open3d) (1.1.1)
Requirement already satisfied: ptyprocess; os_name != "nt" in /usr/local/lib/python3.6/dist-packages (from terminado>=0.8.1->notebook->open3d) (0.6.0)
Requirement already satisfied: entrypoints>=0.2.2 in /usr/local/lib/python3.6/dist-packages (from nbconvert->notebook->open3d) (0.3)
Requirement already satisfied: pandocfilters>=1.4.1 in /usr/local/lib/python3.6/dist-packages (from nbconvert->notebook->open3d) (1.4.2)
Requirement already satisfied: testpath in /usr/local/lib/python3.6/dist-packages (from nbconvert->notebook->open3d) (0.4.4)
Requirement already satisfied: mistune<2,>=0.8.1 in /usr/local/lib/python3.6/dist-packages (from nbconvert->notebook->open3d) (0.8.4)
Requirement already satisfied: bleach in /usr/local/lib/python3.6/dist-packages (from nbconvert->notebook->open3d) (3.1.5)
Requirement already satisfied: defusedxml in /usr/local/lib/python3.6/dist-packages (from nbconvert->notebook->open3d) (0.6.0)
Requirement already satisfied: wcwidth in /usr/local/lib/python3.6/dist-packages (from prompt-toolkit<2.0.0,>=1.0.4->ipython>=4.0.0; python_version >= "3.3"->ipywidgets->open3d) (0.2.5)
Requirement already satisfied: webencodings in /usr/local/lib/python3.6/dist-packages (from bleach->nbconvert->notebook->open3d) (0.5.1)
Requirement already satisfied: packaging in /usr/local/lib/python3.6/dist-packages (from bleach->nbconvert->notebook->open3d) (20.4)
Installing collected packages: open3d
Successfully installed open3d-0.10.0.0
```

図6-4　open3dのインストール

実際にplyファイルを読み込むプログラムは、リスト6-19に示します。

まずは、Open3DとNumPyをインポートします。その後、Googleドライブをマウントします（詳細は、5-3-3項を参照してください）。そして、plyファイルのパスを確認してください（リスト6-19では「マイドライブ」の「Colab Notebooks」の下の「nakanishi.ply」を指定しています。パスの確認方法については、5-3-3項を参照してください）。「`obj = np.array(o3d.io.read_point_cloud(filepath).points).T`」によって、NumPyの配列形式で3Dオブジェクトのx座標、y座標、z座標を取得することができます。実際、

```
array([[-0.2188, -0.1616, -0.1694, ...,  0.1594, -0.2059, -0.1416],
       [-0.1398, -0.1456, -0.1469, ...,  0.0713,  0.0845, -0.0167],
       [-0.3806, -0.4036, -0.4011, ..., -0.3743, -0.3633, -0.3896]])
```

のような形で、3D オブジェクトの x 座標、y 座標、z 座標の値が obj に格納されること
になります。

▶リスト 6-19　ply ファイルの読み込み

```
import open3d as o3d
import numpy as np
```

```
from google.colab import drive
drive.mount('/content/drive')
```

```
Go to this URL in a browser: https://accounts.google.com/o/oauth2/
auth?client_id=947318989803-6bn6qk8qdgf4n4g3pfee6491hc0brc4i.apps.
googleusercontent.com&redirect_uri=urn%3aietf%3awg%3aoau
Enter your authorization code:
..........
Mounted at /content/drive    ← 別のメッセージが表示されることもあります
```

```
filepath='/content/drive/My Drive/Colab Notebooks/nakanishi.ply'
```

```
obj=np.array(o3d.io.read_point_cloud(filepath).points).T
obj                            ← 3D オブジェクトの x, y, z 座標を取得
```

```
array([[-0.2188, -0.1616, -0.1694, ..., -0.1594, -0.2059, -0.1416],
       [-0.1398, -0.1456, -0.1469, ...,  0.0713,  0.0845, -0.0167],
       [-0.3806, -0.4036, -0.4011, ..., -0.3743, -0.3633, -0.3896]])
```

この obj に格納された 3D オブジェクトを表示するには、plotly を使うのがよい選択
です。そのプログラムをリスト 6-20 に示します。Scatter3d に配列 obj の 0 行目を x 座
標、obj の 1 行目を y 座標、obj の 2 行目を z 座標と指定し、marker の size を 1（小さ
く）と指定します。これにより、マウス操作でいろいろな角度から見ることが可能な、イ
ンタラクティブな画面を楽しむことができます。

▶リスト 6-20　ply ファイルの表示

```
import plotly.graph_objs as go                    ← plotly をインポート

data = go.Scatter3d(x=obj[0], y=obj[1], z=obj[2], mode='markers',
                    marker=dict(size=1,           ← 3D 散布図を描く x,
                        color=obj[0],                y, z 座標の値、点の
                        colorscale='Inferno'))     サイズと色を指定
layout = go.Layout(                               ← 描画のサイズを指定
    width=800,
    height=800
 )
```

```
fig = go.Figure(data,layout)
fig.update_layout(scene_aspectmode='cube')
fig.show()
```

← x, y, z の座標の間隔
を等間隔にする

　最後に、3次元のアフィン変換の平行移動（x 軸方向に 0.5、y 軸方向に -0.5、z 軸方向に -1 だけ移動）の場合の Python のプログラムをリスト 6-21 に示します。最初に読み込んでいるファイル「nakanishi.npy」は、ply ファイルを NumPy の配列にして保存したものです。このプログラムの出力結果が、先に示した表 6-1 の右上の図となります。このプログラムを参考にして、拡大・縮小、回転、せん断、鏡映も実装してみましょう。

▶リスト 6-21　3次元のアフィン変換（平行移動の場合）

```
import numpy as np
obj=np.load('/content/drive/My Drive/Colab Notebooks/DataMathematics
I/nakanishi.npy')
```

```
import numpy as np
A=np.array([
            [1,0,0,0.5],
            [0,1,0,-0.5],
            [0,0,1,-1],
            [0,0,0,1]
])
```

```
obj1=np.insert(obj, 3, 1, axis=0)
nobj=np.dot(A,obj1)
nobj=np.delete(nobj, 3, axis=0)
```

```
import plotly.graph_objs as go

data1 =  go.Scatter3d(x=obj[0], y=obj[1], z=obj[2], mode='markers',
                      marker=dict(size=1,
```

```
                              color=obj[0],
                              colorscale='Inferno'))

data2 =  go.Scatter3d(x=nobj[0], y=nobj[1], z=nobj[2], mode='markers',
                  marker=dict(size=1,
                              color=nobj[2],
                              colorscale='Viridis'))
data=[data1,data2]

layout = go.Layout(
    width=800,
    height=800
 )

fig = go.Figure(data,layout)
fig.update_layout(scene_aspectmode='cube')

fig.show()
```

7章

固有値・固有ベクトル

　ここまで述べてきた線形変換 $f: R^n \to R^n$ の表現行列 A は、R^n の基底に依存し、基底をうまく選ぶことで簡単に表現することが可能となります。7-1 節では、線形変換を振り返りながら基底の取り替え、その性質について述べます。7-2 節では、対角行列とその性質を述べます。実は、対角行列の性質から、表現行列 A を工夫しながら対角行列とすることによって、計算を最小限に抑えることが可能となります。7-3 節では、対角化（対角行列に変形すること）をするための重要な概念であり、現在では物理学、工学などでも数多くの応用がされている固有値、固有ベクトルについて述べます。7-4 節では、固有値、固有ベクトルを使った応用例として、Google の PageRank の基本的な仕組みについて解説していきます。

7-1　基底の取り替え

7-1-1　基底の取り替えの基本

　ベクトル $x = \begin{bmatrix} 3 \\ 5 \end{bmatrix}$ を考えましょう。図 7-1 の左側の図のように、二つの基本ベクトル $e_1 = \begin{bmatrix} 1 \\ 0 \end{bmatrix}$, $e_2 = \begin{bmatrix} 0 \\ 1 \end{bmatrix}$ からなる標準基底を用いて、x は $3e_1 + 5e_2$ と表現することができます。このように、$\{e_1, e_2\}$ を基底とするベクトルを $\begin{bmatrix} 3 \\ 5 \end{bmatrix}_{e_1 e_2}$ と表すことにします。また、ベクトル $x = \begin{bmatrix} 3 \\ 5 \end{bmatrix}$ は、図 7-1 の右側の図のように、別の基底である $\left\{ u_1 = \begin{bmatrix} -1 \\ -2 \end{bmatrix}, u_2 = \begin{bmatrix} 1 \\ 3 \end{bmatrix} \right\}$ を用いて、$-4u_1 + (-u_2)$ と表現することができます。

　つまり、$3e_1 + 5e_2 = -4u_1 + (-u_2)$ とそれぞれの基底で表現できます。これをベクトル、行列で表現すると次のようになります。

$$[e_1 \quad e_2] \begin{bmatrix} 3 \\ 5 \end{bmatrix} = [u_1 \quad u_2] \begin{bmatrix} -4 \\ -1 \end{bmatrix} \tag{7-1}$$

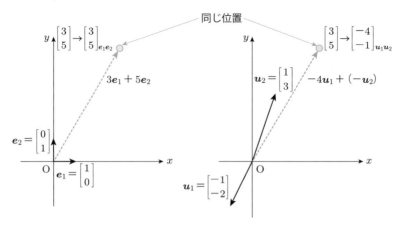

図7-1　基底の取り替え

ここで、基底 $\left\{ \boldsymbol{e}_1 = \begin{bmatrix} 1 \\ 0 \end{bmatrix},\ \boldsymbol{e}_2 = \begin{bmatrix} 0 \\ 1 \end{bmatrix} \right\}$ を基底 $\left\{ \boldsymbol{u}_1 = \begin{bmatrix} -1 \\ -2 \end{bmatrix},\ \boldsymbol{u}_2 = \begin{bmatrix} 1 \\ 3 \end{bmatrix} \right\}$ で表現してみましょう。

$$\begin{bmatrix} 1 \\ 0 \end{bmatrix} = a \begin{bmatrix} -1 \\ -2 \end{bmatrix} + b \begin{bmatrix} 1 \\ 3 \end{bmatrix} \tag{7-2}$$

$$\begin{bmatrix} 0 \\ 1 \end{bmatrix} = c \begin{bmatrix} -1 \\ -2 \end{bmatrix} + d \begin{bmatrix} 1 \\ 3 \end{bmatrix} \tag{7-3}$$

とおき、式 (7-2)、(7-3) を行列を用いて表現すると、

$$\begin{bmatrix} 1 & 0 \\ 0 & 1 \end{bmatrix} = \begin{bmatrix} -1 & 1 \\ -2 & 3 \end{bmatrix} \begin{bmatrix} a & c \\ b & d \end{bmatrix}$$

$$\Leftrightarrow \quad [\boldsymbol{e}_1 \quad \boldsymbol{e}_2] = [\boldsymbol{u}_1 \quad \boldsymbol{u}_2] \begin{bmatrix} a & c \\ b & d \end{bmatrix} = [\boldsymbol{u}_1 \quad \boldsymbol{u}_2] Q \tag{7-4}$$

となります（$\begin{bmatrix} a & c \\ b & d \end{bmatrix} = Q$ とおきました）。ここで、式 (7-4) を式 (7-1) に代入すると、

$$[\boldsymbol{u}_1 \quad \boldsymbol{u}_2] Q \begin{bmatrix} 3 \\ 5 \end{bmatrix} = [\boldsymbol{u}_1 \quad \boldsymbol{u}_2] \begin{bmatrix} -4 \\ -1 \end{bmatrix}$$

$$\begin{bmatrix} -4 \\ -1 \end{bmatrix} = Q \begin{bmatrix} 3 \\ 5 \end{bmatrix}$$

と変形でき、行列 Q は $\boldsymbol{x} = \begin{bmatrix} 3 \\ 5 \end{bmatrix}_{\boldsymbol{e}_1\boldsymbol{e}_2}$ から $\boldsymbol{x}' = \begin{bmatrix} -4 \\ -1 \end{bmatrix}_{\boldsymbol{u}_1\boldsymbol{u}_2}$ への線形変換を実現する表現

行列と見ることができます。式 (7-2)、(7-3) の連立 1 次方程式を解くと、$Q = \begin{bmatrix} -3 & 1 \\ -2 & 1 \end{bmatrix}$

であることがわかります。これについては、のちほど Python で求めてみましょう。

　これらのことから、基底を取り替えることは、$\boldsymbol{x} = \begin{bmatrix} 3 \\ 5 \end{bmatrix}_{\boldsymbol{e}_1\boldsymbol{e}_2}$ から $\boldsymbol{x}' = \begin{bmatrix} -4 \\ -1 \end{bmatrix}_{\boldsymbol{u}_1\boldsymbol{u}_2}$ への

の線形変換と見ることができます。図 7-2 のとおり、基底 $\{\boldsymbol{e}_1, \boldsymbol{e}_2\}$ から基底 $\{\boldsymbol{u}_1, \boldsymbol{u}_2\}$

への線形変換を実現する変換行列 $Q = \begin{bmatrix} -3 & 1 \\ -2 & 1 \end{bmatrix}$ を使えば、取り替えは $\boldsymbol{x}' = Q\boldsymbol{x}$ で行

うことができます。

$$\boldsymbol{x}' = Q\boldsymbol{x} = \begin{bmatrix} -3 & 1 \\ -2 & 1 \end{bmatrix} \begin{bmatrix} 3 \\ 5 \end{bmatrix} = \begin{bmatrix} -9+5 \\ -6+5 \end{bmatrix} = \begin{bmatrix} -4 \\ -1 \end{bmatrix}$$

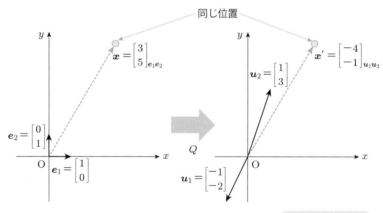

図 7-2　基底取り替え行列 Q

逆に $\boldsymbol{x}' = \begin{bmatrix} -4 \\ -1 \end{bmatrix}_{\boldsymbol{u}_1\boldsymbol{u}_2}$ から $\boldsymbol{x} = \begin{bmatrix} 3 \\ 5 \end{bmatrix}_{\boldsymbol{e}_1\boldsymbol{e}_2}$ への線形変換は、基底取り替え行列 Q の逆

行列 $Q^{-1} = \begin{bmatrix} -1 & 1 \\ -2 & 3 \end{bmatrix}$ を使って、$\boldsymbol{x} = Q^{-1}\boldsymbol{x}'$ で行うことができます（図 7-3）。

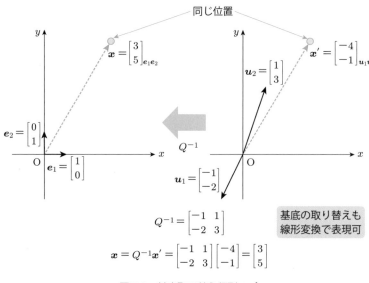

図 7-3　基底取り替え行列 Q^{-1}

　上記の基底の取り替えを実際に Python で計算したものをリスト 7-1 に示します。まずは、x にベクトル $\begin{bmatrix} 3 \\ 5 \end{bmatrix}$、x_dash に $\begin{bmatrix} -4 \\ -1 \end{bmatrix}$ を格納します。次に、行列 Q を求めてみましょう。式 (7-2)、(7-3) の a, b, c, d を求めれば、行列 Q を導くことができます。つまり、

$$\begin{cases} -a + b = 1 \\ -2a + 3b = 0 \\ -c + d = 0 \\ -2c + 3d = 1 \end{cases}$$

という連立 1 次方程式を解くことになります。連立 1 次方程式は SymPy というライブラリを使って解いてみましょう。sp.var('a,b,c,d') は式中に出現するすべての記号を定義しています。その後、

```
eq1=sp.Eq(-a+b, 1)
eq2=sp.Eq(-2*a+3*b, 0)
eq3=sp.Eq(-c+d, 0)
eq4=sp.Eq(-2*c+3*d, 1)
```

という形で式を定義します。sp.Eq(左辺, 右辺) という形で書いていくことができ

ます。ここで定義した eq1, eq2, eq3, eq4 の式を a, b, c, d について解くためには、
「ans=sp.solve([eq1, eq2, eq3, eq4], [a,b,c,d])」とします。結果、ans には、
「{a: -3, b: -2, c: 1, d: 1}」という答えを導くことができます。例えば、a の値
は「ans[a]」に格納されています。しかしながら、SymPy の仕様でそれぞれの値は
objext 型という型で保持されているため、数値として扱うことができません。数値と
して計算をするためには、float 型（浮動小数点型）に変更する必要があります。この
プログラムでは、Q に a, b, c, d の値を格納する際に、

```
Q=np.array([[ans[a],ans[c]],
            [ans[b],ans[d]]]).astype(float)
```

のように .astype(float) をつけて、float 型に変更していることに注意してください。
その後、「np.dot(Q,x)」によって、$\begin{bmatrix} -4 \\ -1 \end{bmatrix}$ になることを確認してください。また、Q の
逆行列 Qinv を「Qinv=np.linalg.inv(Q)」で求めた上で、「np.dot(Qinv, x_dash)」
とすると、$\begin{bmatrix} 3 \\ 5 \end{bmatrix}$ になることを確認してください。

▶リスト 7-1　基底の取り替え

```
import numpy as np
x=np.array([3,5]).reshape(-1,1)          ← 取り替え前のベクトル x
x_dash=np.array([-4,-1]).reshape(-1,1)   ← 取り替え後のベクトル x'
```

```
import sympy as sp
sp.var('a,b,c,d')
eq1=sp.Eq(-a+b, 1)
eq2=sp.Eq(-2*a+3*b, 0)          ← ⎧  - a +  b = 1
eq3=sp.Eq(-c+d, 0)                 ⎨ -2a + 3b = 0
eq4=sp.Eq(-2*c+3*d, 1)             ⎪  - c +  d = 0
ans=sp.solve([eq1, eq2, eq3, eq4], [a,b,c,d])   ⎩ -2c + 3d = 1
ans                            を解く
```

```
{a: -3, b: -2, c: 1, d: 1}
```

```
Q=np.array([[ans[a],ans[c]],          ← 基底取り替えのための表現行列 Q
            [ans[b],ans[d]]]).astype(float)
Q
```

```
array([[-3., 1.],
       [-2., 1.]])
```

np.dot(Q,x)	← Qx

```
array([[-4.],
    [-1.]])
```

Qinv=np.linalg.inv(Q) Qinv	← Q^{-1}

```
array([[-1., 1.],
    [-2., 3.]])
```

np.dot(Qinv,x_dash)	← $Q^{-1}x'$

```
array([[3.],
    [5.]])
```

7-1-2　基底の取り替えと他の線形変換が混じる場合

　次に、基底の取り替えとその他の線形変換が入り混じる図 7-4 の例を考えてみましょう。線形変換を $f\colon R^2 \to R^2$ とします。R^2 の標準基底 $\{e_1, e_2\}$ に関する x から y への変換 f の表現行列が $A = \begin{bmatrix} 1 & -3 \\ -2 & 1 \end{bmatrix}$ で与えられていたとき、R^2 のほかの基底 $\{u_1, u_2\}$ に関する線形変換はどのような表現行列で表されるかを考えてみましょう。ここでは、基底 $\{u_1, u_2\}$ から基底 $\{e_1, e_2\}$ への基底取り替え行列 P が $P = \begin{bmatrix} -1 & 1 \\ -2 & 3 \end{bmatrix}$ と与えられているとします。基底 $\{e_1, e_2\}$ から基底 $\{u_1, u_2\}$ への基底取り替え行列は、P の逆

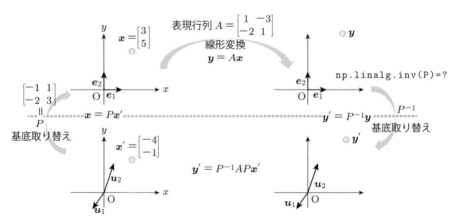

図 7-4　線形変換と基底の取り替えが混じる場合

行列 P^{-1} です。図 7-4 中の基底 $\{u_1, u_2\}$ での x' から y' への線形変換は、図のような関係から、

$$y' = P^{-1}y = P^{-1}(Ax) = P^{-1}A(Px') = P^{-1}APx' \tag{7-5}$$

と表すことができます。つまり、表現行列は $P^{-1}AP$ となります。これは、実は 5-2 節で説明したような写像の合成の表現行列になっています。

▶ Python で計算してみよう

図 7-4 を参考にして、x' から y' への線形変換を行ってみましょう。そのプログラムをリスト 7-2 に示します。

x_dash に $\begin{bmatrix} -4 \\ -1 \end{bmatrix}$ を格納します。基底 $\{u_1, u_2\}$ から基底 $\{e_1, e_2\}$ への基底取り替え行列は $P = \begin{bmatrix} -1 & 1 \\ -2 & 3 \end{bmatrix}$ であるため、P に $\begin{bmatrix} -1 & 1 \\ -2 & 3 \end{bmatrix}$ を格納します。基底 $\{e_1, e_2\}$ から基底 $\{u_1, u_2\}$ への基底取り替え行列は P の逆行列 P^{-1} であるため、「Pinv=np.linalg.inv(P)」によって導出しています。線形変換 $f: R^2 \to R^2$ の表現行列として、A に $\begin{bmatrix} 1 & -3 \\ -2 & 1 \end{bmatrix}$ を格納します。

(1) 一つずつ変換

x' から x へ、基底取り替え行列 P によって基底の取り替えを行ったあと、表現行列 A で x から y へ線形変換を行い、P の逆行列 P^{-1} によって y から y' へ基底の取り替えを行うこととします。プログラム内でいうと、「x=np.dot(P,x_dash)」で x' から x に基底の取り替えを行っています。また、「y=np.dot(A,x)」で、表現行列 A で x から y へ線形変換を行っています。さらに、「y_dash = np.dot(Pinv,y)」で y から y' へ基底の取り替えを行っています。その結果、

```
array([[35.],
       [23.]])
```

となりました。

(2) 行列の積を使って一気に変換

別の方法として、基底 $\{u_1, u_2\}$ での x' から y' への線形変換の表現行列である $P^{-1}AP$ を計算した上で、その表現行列を x' に掛け合わせることで、y' を導出します。プログラム内でいうと、「PinvAP=np.dot(Pinv,np.dot(A,P))」では、表現行列 $P^{-1}AP$

を導出し PinvAP に格納しています。さらに「y_dash=np.dot(PinvAP,x_dash)」によって、表現行列 $P^{-1}AP$ を x' に掛け合わせることで、y' を導出しています。その結果、

```
array([[35.],
       [23.]])
```

となり、同じ結果となりました。

▶リスト 7-2　線形変換と基底の取り替え

```
import numpy as np
x_dash=np.array([-4,-1]).reshape(-1,1)
P=np.array([[-1,1],
            [-2,3]])

Pinv=np.linalg.inv(P)
A=np.array([[1,-3],
            [-2,1]])
```

```
x=np.dot(P,x_dash)
x
```

```
array([[3],
       [5]])
```

```
y=np.dot(A,x)
y
```

一つずつ変換

```
array([[-12],
       [-1]])
```

```
y_dash=np.dot(Pinv,y)
y_dash
```

```
array([[35.],
       [23.]])
```

```
PinvAP=np.dot(Pinv,np.dot(A,P))
PinvAP
```

```
array([[-15.,  25.],
       [-10.,  17.]])
```

行列の積を使って一気に変換

```
y_dash=np.dot(PinvAP,x_dash)
y_dash
```

```
array([[35.],
       [23.]])
```

7-2　対角行列

　ここまで、線形変換 $f: R^2 \to R^2$ の表現行列 A において、基底の取り替えを行うと、新たな基底 $\{u_1, u_2\}$ での線形変換の表現行列は $P^{-1}AP$ で表現されることを示してきました。この P をうまく設定することによって、$P^{-1}AP$ をより計算しやすく、扱いやすい行列にしたいところです。実は対角行列は、その性質から、計算しやすく、扱いやすい行列です。本節と次節では、対角行列とその性質を述べた上で、$P^{-1}AP$ を対角行列にする方法について述べていくことにします。

　対角行列の性質を以下に示します。

- 行列と行列の積が対角成分同士の掛け算で済む

例) $\begin{bmatrix} 1 & 0 & 0 \\ 0 & -2 & 0 \\ 0 & 0 & -3 \end{bmatrix} \begin{bmatrix} 2 & 0 & 0 \\ 0 & 3 & 0 \\ 0 & 0 & 4 \end{bmatrix} = \begin{bmatrix} 1\times2 & 0 & 0 \\ 0 & (-2)\times3 & 0 \\ 0 & 0 & (-3)\times4 \end{bmatrix} = \begin{bmatrix} 2 & 0 & 0 \\ 0 & -6 & 0 \\ 0 & 0 & -12 \end{bmatrix}$

- 行列と行列の積にもかかわらず交換法則が成り立つ

例) $\begin{bmatrix} 1 & 0 & 0 \\ 0 & -2 & 0 \\ 0 & 0 & -3 \end{bmatrix} \begin{bmatrix} 2 & 0 & 0 \\ 0 & 3 & 0 \\ 0 & 0 & 4 \end{bmatrix} = \begin{bmatrix} 2 & 0 & 0 \\ 0 & 3 & 0 \\ 0 & 0 & 4 \end{bmatrix} \begin{bmatrix} 1 & 0 & 0 \\ 0 & -2 & 0 \\ 0 & 0 & -3 \end{bmatrix} = \begin{bmatrix} 2 & 0 & 0 \\ 0 & -6 & 0 \\ 0 & 0 & -12 \end{bmatrix}$

- 逆行列は対角成分を逆数にしたもの

例) $A = \begin{bmatrix} 1 & 0 & 0 \\ 0 & -2 & 0 \\ 0 & 0 & -3 \end{bmatrix} \longrightarrow A^{-1} = \begin{bmatrix} 1/1 & 0 & 0 \\ 0 & -1/2 & 0 \\ 0 & 0 & -1/3 \end{bmatrix}$

• 行列の n 乗が計算しやすい（対角成分を n 乗すればよい）

$$例）\quad A = \begin{bmatrix} 1 & 0 & 0 \\ 0 & -2 & 0 \\ 0 & 0 & -3 \end{bmatrix} \rightarrow A^n = \begin{bmatrix} 1^n & 0 & 0 \\ 0 & (-2)^n & 0 \\ 0 & 0 & (-3)^n \end{bmatrix}$$

▶Python で計算してみよう

　上記で示した対角行列の性質を、Python で計算することで確かめてみましょう。そのプログラムはリスト 7-3 に示します。

A に $\begin{bmatrix} 1 & 0 & 0 \\ 0 & -2 & 0 \\ 0 & 0 & -3 \end{bmatrix}$、B に $\begin{bmatrix} 2 & 0 & 0 \\ 0 & 3 & 0 \\ 0 & 0 & 4 \end{bmatrix}$ を格納しています。AB は行列と行列の掛け

算ですが、「np.dot(A,B)」によって、対角成分同士の掛け算となっていることがわか

ります。また、「np.dot(B,A)」としても同じ結果となります。次に、$\begin{bmatrix} 1 & 0 & 0 \\ 0 & -2 & 0 \\ 0 & 0 & -3 \end{bmatrix}$

の逆行列を導出するのに、「np.linalg.inv(A)」としており、その結果が対角成分を逆数にしたものになっています。また、Python で n 乗の計算は「**」を使って表します。この場合、行列を 5 乗しています。結果は対角成分を 5 乗したものになっています。

▶リスト 7-3　対角行列の性質

```
import numpy as np
A=np.array([[1,0,0],
            [0,-2,0],
            [0,0,-3]])

B=np.array([[2,0,0],
            [0,3,0],
            [0,0,4]])
```

```
np.dot(A,B)        ← AB
```

```
array([[ 2,  0,  0],
       [ 0, -6,  0],
       [ 0,  0, -12]])
```

```
np.dot(B,A)        ← BA
```

```
array([[ 2,  0,  0],
       [ 0, -6,  0],
```

```
      [ 0,  0, -12]])
```

```
np.linalg.inv(A)        ← A⁻¹
```

```
array([[ 1.    , 0.    , 0.    ],
    [-0.    , -0.5   ,-0.    ],
    [-0.    , -0.    , -0.33333333]])
```

```
A**5                    ← A⁵
```

```
array([[  1, 0, 0],
    [  0, -32, 0],
    [  0,  0, -243]])
```

このように、対角行列であれば、計算をかなり簡単に済ますことが可能です。

7-3 固有値・固有ベクトル

　行列 A を対角行列 $P^{-1}AP$ にすることを対角化と呼びますが、そこから固有値、固有ベクトルの概念に入っていくことにしましょう。

7-3-1 対角化を考える

　線形変換 $f\colon R^n \to R^n$ の表現行列 A を、基底取り替え行列 P によって対角化することを考えます。$P^{-1}AP$ が対角行列であるとすると、

$$P^{-1}AP = \begin{bmatrix} \lambda_1 & 0 & 0 & \cdots & 0 \\ 0 & \lambda_2 & 0 & \cdots & 0 \\ 0 & 0 & \ddots & \ddots & \vdots \\ \vdots & \ddots & \ddots & \ddots & 0 \\ 0 & \cdots & 0 & 0 & \lambda_n \end{bmatrix} \tag{7-6}$$

と書けます。よって、両辺の左から P を掛けると、

$$AP = P \begin{bmatrix} \lambda_1 & 0 & 0 & \cdots & 0 \\ 0 & \lambda_2 & 0 & \cdots & 0 \\ 0 & 0 & \ddots & \ddots & \vdots \\ \vdots & \ddots & \ddots & \ddots & 0 \\ 0 & \cdots & 0 & 0 & \lambda_n \end{bmatrix} \tag{7-7}$$

となります。ここで、基底取り替え行列 P を

$$P = \begin{bmatrix} x_{11} & x_{12} & \cdots & x_{1n} \\ x_{21} & \ddots & & \vdots \\ \vdots & & \ddots & \vdots \\ x_{n1} & x_{n2} & \cdots & x_{nn} \end{bmatrix} = \begin{bmatrix} \boldsymbol{x}_1 & \boldsymbol{x}_2 & \cdots & \boldsymbol{x}_n \end{bmatrix}$$

とおくと、

$$A\begin{bmatrix} \boldsymbol{x}_1 & \boldsymbol{x}_2 & \cdots & \boldsymbol{x}_n \end{bmatrix} = \begin{bmatrix} \boldsymbol{x}_1 & \boldsymbol{x}_2 & \cdots & \boldsymbol{x}_n \end{bmatrix} \begin{bmatrix} \lambda_1 & 0 & 0 & \cdots & 0 \\ 0 & \lambda_2 & 0 & \cdots & 0 \\ 0 & 0 & \ddots & \ddots & \vdots \\ \vdots & \ddots & \ddots & \ddots & 0 \\ 0 & \cdots & 0 & 0 & \lambda_n \end{bmatrix}$$

$$\begin{bmatrix} A\boldsymbol{x}_1 & A\boldsymbol{x}_2 & \cdots & A\boldsymbol{x}_n \end{bmatrix} = \begin{bmatrix} \lambda_1\boldsymbol{x}_1 & \lambda_2\boldsymbol{x}_2 & \cdots & \lambda_n\boldsymbol{x}_n \end{bmatrix}$$

となるので、

$$A\boldsymbol{x}_i = \lambda_i\boldsymbol{x}_i, \quad i = 1, 2, \ldots, n \tag{7-8}$$

と表現することができます。なお、$A\boldsymbol{0} = \lambda_i\boldsymbol{0}$ はつねに成立するので、ここでは $\boldsymbol{x}_i \neq \boldsymbol{0}$ であるものを対象とします。式 (7-8) をもとに、固有値と固有ベクトルという概念を導入します。

7-3-2　固有値・固有ベクトル

固有値、固有ベクトルは次のように定められます。

与えられた $n \times n$ 行列 A に対し、

$$A\boldsymbol{x} = \lambda\boldsymbol{x} \quad \text{かつ} \quad \boldsymbol{x} \neq \boldsymbol{0} \tag{7-9}$$

となるベクトル $\boldsymbol{x}$ とスカラー λ が存在するとき、λ を A の固有値 (eigenvalue) といいます。また、この $\boldsymbol{x}$ を、固有値 λ に属する A の固有ベクトル (eigenvector) といいます。

実際に固有値、固有ベクトルをどのように求めればよいかについて示していきます。式 (7-9) を展開すると次のようになります。

$$A\boldsymbol{x} = \lambda\boldsymbol{x}$$

$$Ax = \lambda Ex$$

$$Ax - \lambda Ex = 0$$

$$(A - \lambda E)x = 0$$

式 (7-9) より $x \neq 0$ ですが、行列 $(A - \lambda E)$ に逆行列が存在すると $x = 0$ となってしまいます。そこで、逆行列が存在しない条件を考えます。つまり、4-3 節で示した行列式の意味から、行列式 $|A - \lambda E|$ は 0 であり、これを使って λ を求めればよいことがわかります。

$$|A - \lambda E| = 0 \tag{7-10}$$

式 (7-10) を固有方程式 (characteristic equation) と呼びます。式 (7-10) の固有方程式の解 λ が固有値となり、λ を代入した $(A - \lambda E)x = 0$ の $x = 0$ <u>以外</u>の解が固有ベクトルとなります。

実際に $A = \begin{bmatrix} 1 & 3 \\ 4 & 2 \end{bmatrix}$ の固有値、固有ベクトルを求めてみましょう。

$$|A - \lambda E| = \begin{vmatrix} 1 - \lambda & 3 \\ 4 & 2 - \lambda \end{vmatrix} = (1 - \lambda)(2 - \lambda) - 12 = \lambda^2 - 3\lambda - 10 = (\lambda + 2)(\lambda - 5)$$

$$(\lambda + 2)(\lambda - 5) = 0 \quad より \quad \lambda = -2, 5$$

よって、A の固有値は $-2, 5$ となります。

$(A - \lambda E)x = 0$ は、$x = \begin{bmatrix} x_1 \\ x_2 \end{bmatrix}$ として、

$$\begin{bmatrix} 1 - \lambda & 3 \\ 4 & 2 - \lambda \end{bmatrix} \begin{bmatrix} x_1 \\ x_2 \end{bmatrix} = 0$$

と表されます。

• 固有値 $\lambda = -2$ のとき

$$\begin{bmatrix} 3 & 3 \\ 4 & 4 \end{bmatrix} \begin{bmatrix} x_1 \\ x_2 \end{bmatrix} = 0 \quad より \quad x_1 + x_2 = 0$$

ですので、

$$x_1 = m, \ x_2 = -m \quad (m は実数)$$

となります。よって、固有値 $\lambda = -2$ に属する A の固有ベクトルは $m \begin{bmatrix} 1 \\ -1 \end{bmatrix}$（$m$ は実数）です。

● 固有値 $\lambda = 5$ のとき

$$\begin{bmatrix} -4 & 3 \\ 4 & -3 \end{bmatrix} \begin{bmatrix} x_1 \\ x_2 \end{bmatrix} = 0 \quad \text{より} \quad 4x_1 - 3x_2 = 0$$

ですので、

$$x_1 = m, \ x_2 = \frac{4}{3}m \quad (\text{m は実数})$$

となります。よって、固有値 $\lambda = 5$ に属する A の固有ベクトルは $m \begin{bmatrix} 1 \\ 4/3 \end{bmatrix}$（$m$ は実数）です。

　ここで注意したいのは、固有ベクトルについては、方向は定まっていますが大きさは定まっていないので、自由に定数倍したものも固有ベクトルとなっていることです。

▶Python で計算してみよう

　では、Python で $A = \begin{bmatrix} 1 & 3 \\ 4 & 2 \end{bmatrix}$ の固有値、固有ベクトルを求めてみましょう。プログラムはリスト 7-4 に示します。固有値、固有ベクトルは「lm,v=np.linalg.eig(A)」で求めることができます。固有値は lm に

```
array([-2., 5.])
```

として格納されています。固有ベクトルは v に

```
array([[-0.70710678, -0.6 ],
       [ 0.70710678, -0.8 ]])
```

として格納されています。これらの固有ベクトルの値は先に計算した値と異なっていると思われるかもしれません。しかし、上記のとおり、固有ベクトルは大きさが決まっていません。固有値 -2 に対する固有ベクトルは $\begin{bmatrix} -0.70710678 \\ 0.70710678 \end{bmatrix}$ となっていますが、先の計算結果 $m \begin{bmatrix} 1 \\ -1 \end{bmatrix}$ で $m = -0.70710678$ とすれば同じ値になります。同様に、固

有値 5 に対する固有ベクトルは $\begin{bmatrix} -0.6 \\ -0.8 \end{bmatrix}$ となっていますが、先の計算結果 $m\begin{bmatrix} 1 \\ 4/3 \end{bmatrix}$ で $m = -0.6$ にすれば同じ値になります。実は、「linalg.eig」で導出する固有ベクトルは、大きさ 1 に正規化されたものなのです。

　固有ベクトルを一つずつ取得することもできます。実際、固有値 −2（lm の最初（0 番目）の要素）に対する固有ベクトルは「v[:,0]」、固有値 5（lm の 1 番目の要素）に対する固有ベクトルは「v[:,1]」で取得することができます。

　「np.linalg.norm(v[:,0])」、「np.linalg.norm(v[:,1])」として導出された固有ベクトルの大きさを計算すると、それぞれ「0.9999999999999999」、「1.0」となり、おおよそ 1 になっていることがわかります。

▶リスト 7-4　固有値、固有ベクトルの計算

```
import numpy as np

A=np.array([[1,3],
            [4,2]])
A
```

```
array([[1, 3],
       [4, 2]])
```

```
lm,v=np.linalg.eig(A)   ← Aの固有値、固有ベクトルを求める
```

```
lm                      ← 固有値
```

```
array([-2., 5.])
```

```
v                       ← 固有ベクトル
```

```
array([[-0.70710678, -0.6 ],
       [ 0.70710678, -0.8 ]])
```

```
v[:,0]                  ← 固有値 −2 に属する固有ベクトル
```

```
array([-0.70710678, 0.70710678])
```

```
np.linalg.norm(v[:,0])  ← この固有ベクトルの大きさは 1 になる
```

```
0.9999999999999999
```

```
v[:,1]                  ← 固有値 5 に対する固有ベクトル
```

```
array([-0.6, -0.8])
```

```
np.linalg.norm(v[:,1])
```
◀── この固有ベクトルの大きさは 1 になる

```
1.0
```

7-3-3　行列の対角化

ここまで示した固有値、固有ベクトルを使って、$P^{-1}AP$ を対角行列にすることが可能です。

$n \times n$ 行列 A が適当な行列 P によって、

$$
P^{-1}AP = \begin{bmatrix}
\lambda_1 & 0 & 0 & \cdots & 0 \\
0 & \lambda_2 & 0 & \cdots & 0 \\
0 & 0 & \ddots & \ddots & \vdots \\
\vdots & \ddots & \ddots & \ddots & 0 \\
0 & \cdots & 0 & 0 & \lambda_n
\end{bmatrix}
\tag{7-11}
$$

と変形できるとき、行列 A は対角化可能 (diagonalizable)であるといいます。このときの行列 P を、行列 A の対角化行列 (matrix for diagonalization)といいます。

また、$n \times n$ 行列 A が対角化可能であるための必要十分条件は、線形独立な n 個の A の固有ベクトルが存在することです。

一方、$n \times n$ 行列 A が適当な行列 $P = [\boldsymbol{p}_1, \boldsymbol{p}_2, \ldots, \boldsymbol{p}_n]$ によって、式 (7-11) のように変形できるとき、$\lambda_1, \lambda_2, \ldots, \lambda_n$ はすべて A の固有値であり、$\boldsymbol{p}_i$ $(i = 1, 2, \ldots, n)$ は固有値 λ_i に属する固有ベクトルです。

▶Python で計算してみよう

では、固有値、固有ベクトルを導出することで、行列 A を対角化していきましょう。Python のプログラムをリスト 7-5 に示します。

ここでは、$A = \begin{bmatrix} 3 & 2 & 1 \\ 4 & 5 & 6 \\ -1 & 2 & -1 \end{bmatrix}$ を対角化していきましょう。固有値、固有ベクトルは「lm,v=np.linalg.eig(A)」で求めることができます。lm に固有値、v に固有ベクトルが格納されます。それを確認した結果、3 個の固有値、固有ベクトルが存在しています。固有値を対角成分として配置し、あとの成分を 0 にしたものが、求めたい対角行列になります。Python では「np.diag(lm)」によって、lm に格納された固有値で対角行列を構成することができます。その結果が次のようになります。

```
array([[-2.77552824, 0.          , 0.          ],
       [ 0.        , 1.92837509, 0.          ],
       [ 0.        , 0.          , 7.84715315]])
```

　実際、$P = [\boldsymbol{p}_1, \boldsymbol{p}_2, \ldots, \boldsymbol{p}_n]$（$\boldsymbol{p}_i$ $(i = 1, 2, \ldots, n)$ は固有値 λ_i に属する固有ベクト
ル）のとき、$P^{-1}AP$ で「np.diag(lm)」と同じ対角行列が構成できるかを試してみ
ます。$P^{-1}AP$ は「np.dot(np.linalg.inv(v),np.dot(A,v))」で計算できるのです
が、少し複雑なため解説しましょう。固有ベクトルからなる行列 P はプログラム中の
v に格納されているため、v の逆行列 (np.linalg.inv(v)) と A と v の掛け算したも
の (np.dot(A,v)) とを掛け算すれば、$P^{-1}AP$ を導出することができます。実行して
みると、

```
array([[-2.77552824e+00,  1.55289848e-15, -4.34231433e-16],
       [ 5.45566225e-16,  1.92837509e+00, -1.56872100e-15],
       [-8.18530386e-16, -4.36301651e-16,  7.84715315e+00]])
```

となります。「e-15」、「e-16」とは 10^{-15}、10^{-16} を表すことから、対角成分以外は非
常に小さく、0 とみなしてもよい値になっています（「e+00」は 10^0、つまり 1 です）。
上記の結果と対角成分は同じ値になっています。このことから先に示したとおり、行
列 A の固有値、固有ベクトルを求め、P を求めて $P^{-1}AP$ を計算することで、対角化
できることがわかります。

▶リスト 7-5　固有値、固有ベクトルで対角化

```
import numpy as np

A=np.array([[3,2,1],
            [4,5,6],
            [-1,2,-1]])
A
```

```
array([[ 3, 2, 1],
       [ 4, 5, 6],
       [-1, 2, -1]])
```

```
lm,v=np.linalg.eig(A)   ← 固有値、固有ベクトルを求める
```

```
lm
```

```
array([-2.77552824, 1.92837509, 7.84715315])
```

```
v
```

```
array([[ 0.08771249, -0.85997651, 0.40430337],
    [-0.63645016, 0.23403222, 0.90088217],
    [ 0.76631437, 0.4535078, 0.15795601]])
```

`np.diag(lm)` ← 固有値を対角成分とする対角行列を構成

```
array([[-2.77552824, 0.     , 0.     ],
    [ 0.     , 1.92837509, 0.     ],
    [ 0.     , 0.     , 7.84715315]])
```

`np.dot(np.linalg.inv(v),np.dot(A,v))` ← $P^{-1}AP$

```
array([[-2.77552824e+00, 1.55289848e-15, -4.34231433e-16],
    [ 5.45566225e-16, 1.92837509e+00, -1.56872100e-15],
    [-8.18530386e-16, -4.36301651e-16, 7.84715315e+00]])
```

　ここまでを整理すると、対角化とは、線形変換 f の表現行列 A について、新しい基底として表現行列 A の固有ベクトルの組をとることで、線形変換の表現行列を、固有値を対角成分とした対角行列にすることを意味します。

7-3-4　対称行列

(1) 対称行列とその性質

　対角化すると非常に便利な性質をもつ行列があります。それが対称行列です。まず対称行列の定義を見ていくことにしましょう。

> $A = A^T$ を満たす $n \times n$ 行列 A を対称行列 (symmetric matrix) といいます。

　対称行列の例を次に示します。

$$\begin{bmatrix} 5 & 2 \\ 2 & 4 \end{bmatrix}, \quad \begin{bmatrix} 2 & -3 & 5 \\ -3 & 4 & 1 \\ 5 & 1 & 6 \end{bmatrix}, \quad \begin{bmatrix} -1 & 4 & 6 & 1 \\ 4 & 2 & 7 & -3 \\ 6 & 7 & -2 & 5 \\ 1 & -3 & 5 & 4 \end{bmatrix}$$

つまり、対角成分を対角線として、それに対して対称位置にある成分が等しい行列のことを指します。

　対角行列の固有ベクトルは次のような性質をもちます。

> 対称行列の異なる固有値に属する固有ベクトルは直交します。

この性質は非常に重要なのです。もう一度、3-5-3 項で述べた正規直交基底について思い出してください。対称行列の異なる固有値に属するそれぞれの固有ベクトルは直交するので、その大きさを 1 にすれば、固有ベクトルを正規直交基底にすることができます。正規直交基底では、内積やベクトルの大きさの計算が標準基底（基本ベクトルからなる基底）の場合と同じようにできます。

また、正規直交基底を並べて作った行列を直交行列 (orthogonal matrix) と呼びます。

▶Python で計算してみよう

では、対称行列の固有ベクトルは直交するかを、Python で計算することで確かめてみましょう。プログラムをリスト 7-6 に示します。

ここでは、対称行列 $A = \begin{bmatrix} 2 & -3 & 5 \\ -3 & 4 & 1 \\ 5 & 1 & 6 \end{bmatrix}$ で試してみましょう。固有値、固有ベク

トルを求めて確認した結果、3 個の異なる固有値、固有ベクトルが存在しています。「np.diag(lm)」によって、lm に格納された固有値で対角行列を構成することができます。

さて、v に格納された固有ベクトル「v[:,0]」、「v[:,1]」、「v[:,2]」が直交するか調べてみましょう。3-5-2 項で示したように、内積が 0 になれば直交するといえます。そこで、「np.dot(v[:,0],v[:,1])」、「np.dot(v[:,0],v[:,2])」、「np.dot(v[:,1],v[:,2])」がすべて 0 になるか確認します。その結果、-2.220446049250313e-16、-2.7755575615628914e-17、5.551115123125783e-17 となりました。ここで、「e-16」、「e-17」は 10^{-16}、10^{-17} を表すので、非常に小さく、0 とみなしてもよい値になっています。

▶リスト 7-6　対称行列の異なる固有値に属する固有ベクトルは直交するか

```
import numpy as np

A=np.array([[2,-3,5],
            [-3,4,1],
            [5,1,6]])
A
```

```
array([[ 2, -3, 5],
    [-3, 4, 1],
    [ 5, 1, 6]])
```

```
lm,v=np.linalg.eig(A)    ← 固有値、固有ベクトルを求める
```

```
lm
```

```
array([-2.76737181, 9.54053757, 5.22683424])
```

```
v
```

```
array([[ 0.7699701 ,  0.59214971, -0.23770732],
       [ 0.41318086, -0.17881125,  0.89292111],
       [-0.48623823,  0.78573867,  0.38234424]])
```

```
np.diag(lm)   ← 対角行列
```

```
array([[-2.76737181,  0.        ,  0.        ],
       [ 0.        ,  9.54053757,  0.        ],
       [ 0.        ,  0.        ,  5.22683424]])
```

```
np.dot(v[:,0],v[:,1])
```

```
-2.220446049250313e-16
```

```
np.dot(v[:,0],v[:,2])   ← 固有ベクトルの内積（すべてほぼ0）
```

```
-2.7755575615628914e-17
```

```
np.dot(v[:,1],v[:,2])
```

```
5.551115123125783e-17
```

　「np.linalg.eig」で求める固有ベクトルの大きさはすべて1に正規化されていることから、固有ベクトル「v[:,0]」、「v[:,1]」、「v[:,2]」は正規直交基底として利用することができます。リスト7-7のように大きさを確認したところ、0.9999999999999999、1.0、0.9999999999999999となっており、ほぼ1になっています。

▶リスト7-7　NumPyの linalg.eig で求めた固有ベクトルの大きさは1

```
np.linalg.norm(v[:,0])
```

```
0.9999999999999999
```

```
np.linalg.norm(v[:,1])
```

```
1.0
```

```
np.linalg.norm(v[:,2])
```

```
0.9999999999999999
```

(2) 対称行列の対角化

対称行列の対角化には次のような性質があります。

$n \times n$ 対称行列 A が n 個の固有値 $\lambda_1, \lambda_2, \ldots, \lambda_n$ をもてば、直交行列 P によって、

$$
P^T A P = \begin{bmatrix} \lambda_1 & 0 & 0 & \cdots & 0 \\ 0 & \lambda_2 & 0 & \cdots & 0 \\ 0 & 0 & \ddots & \ddots & \vdots \\ \vdots & \ddots & \ddots & \ddots & 0 \\ 0 & \cdots & 0 & 0 & \lambda_n \end{bmatrix} \tag{7-12}
$$

が成り立ちます。

対称行列でない正方行列 A の対角化では $P^{-1}AP$ でしたが、対称行列の場合 $P^T A P$ となるところが重要です。直交行列では逆行列が転置になることにより、以下のように計算が非常に簡単になります。

P が直交行列なら、P の列ベクトルが正規直交基底であることから、$P^T P = P P^T = E$ が成り立ちます。よって、式 (7-12) の両辺の左から P、右から P^T を掛けると、(左辺) $= P P^T A P P^T = A$ となり、

$$
A = P \begin{bmatrix} \lambda_1 & 0 & 0 & \cdots & 0 \\ 0 & \lambda_2 & 0 & \cdots & 0 \\ 0 & 0 & \ddots & \ddots & \vdots \\ \vdots & \ddots & \ddots & \ddots & 0 \\ 0 & \cdots & 0 & 0 & \lambda_n \end{bmatrix} P^T \tag{7-13}
$$

となります。このように表すことを、対称行列 A の固有値分解 (eigenvalue decomposition)（スペクトル分解 (spectral decomposition)）といいます。

▶ Python で計算してみよう

では、対称行列 A を対角化したものが、$P^T A P$ と同じ行列になることを確かめてみましょう。Python のプログラムをリスト 7-8 に示します。

ここでは、対称行列 $A = \begin{bmatrix} 2 & -3 & 5 \\ -3 & 4 & 1 \\ 5 & 1 & 6 \end{bmatrix}$ で試してみましょう。「lm,v=np.linalg.eig(A)」で固有値、固有ベクトルを求め、lm に固有値が入っているため、この固有値を使った対角行列は「np.diag(lm)」で導出することができます。その結果は、次のようになります。

```
array([[-2.76737181, 0.          , 0.         ],
       [ 0.         , 9.54053757, 0.         ],
       [ 0.         , 0.          , 5.22683424]])
```

この行列と P^TAP が同じ行列になるのか確かめてみましょう。固有ベクトルはvに格納
されています。転置は「v.T」で計算ができます。つまり、「np.dot(v.T,np.dot(A,v))」
で P^TAP が計算できます。その結果は、次のようになります。

```
array([[-2.76737181e+00, 1.17949290e-15,-1.02500945e-15],
       [ 1.16538070e-15, 9.54053757e+00, 5.75420686e-16],
       [-7.04104918e-16, 3.10313959e-16, 5.22683424e+00]])
```

ここで、「e-15」、「e-16」は 10^{-15}、10^{-16} を表すので、非常に小さく、0とみなしても
よい値になっています。

　すなわち、対称行列 A を対角化したものが、P^TAP と同じ値になることが確かめら
れました。

▶リスト 7-8　対称行列 A を対角化したものが、P^TAP と同じ値になるか

```
import numpy as np

A=np.array([[2,-3,5],
            [-3,4,1],
            [5,1,6]])
A
```

```
array([[ 2, -3,  5],
       [-3,  4,  1],
       [ 5,  1,  6]])
```

```
lm,v=np.linalg.eig(A)   ← 固有値、固有ベクトルを求める
```

```
np.diag(lm)
```

```
array([[-2.76737181, 0.    , 0.    ],
       [ 0.    , 9.54053757, 0.    ],
       [ 0.    , 0.    , 5.22683424]])
```

```
np.dot(v.T,np.dot(A,v))   ← P^T AP
```

```
array([[-2.76737181e+00, 1.17949290e-15, -1.02500945e-15],
       [ 1.16538070e-15, 9.54053757e+00, 5.75420686e-16],
       [-7.04104918e-16, 3.10313959e-16, 5.22683424e+00]])
```

7-4 固有値・固有ベクトルを使った応用例 — Google PageRank

固有値、固有ベクトルは、物理学、工学など、数多くの分野で応用されています。その中には Google の検索エンジンも含まれます。

検索された各 Web ページの結果は単にキーワードがマッチしただけでなく、各ページの重要度を計算し、その重要度が高いほど上位にランキングされるようになっています。この重要度を計算する Google の初期のアルゴリズムが、Google の Sergey Brin & Larry Page によって考え出された PageRank と呼ばれるものです。PageRank は、「多くの重要度の高いページからリンクされているページは重要度が高いページである」という考え方です。つまり、どれくらいリンクされているか、そのリンクされたページの重要度は高いのかが重要度の指標となります。

簡単な例として、図 7-5 に沿って説明していくことにしましょう。

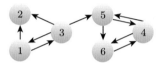

図 7-5　ページとリンクの関係
[Amy N.Langville, Carl D.Meyer 著、岩野和生、黒川利明、黒川洋訳、Google PageRank の数理、p.41、共立出版、2009[14] より]

この図は六つのページ（丸）とそのリンク（矢印）を表すものです。矢印のもとにあるページが、矢印の先にあるページにリンクを張っています。ここで、ページ P_i の PageRank を $r(P_i)$ と書くとすると、文献 [14] では次のような式で表現されます。

$$r(P_i) = \sum_{P_j \in B_{P_i}} \frac{r(P_j)}{|P_j|} \tag{7-14}$$

ここで、B_{P_i} はページ P_i にリンクを張っているページ（Sergey Brin & Larry Page はバックリンクと呼んでいます）の集合、$|P_j|$ はページ P_j から出ているリンクの数です。図 7-5 の例で六つのページの PageRank を式 (7-14) にあてはめると、次のようになります。

$$r(P_1) = \frac{r(P_3)}{3} \tag{7-15}$$

$$r(P_2) = \frac{r(P_2)}{2} + \frac{r(P_3)}{3} \tag{7-16}$$

$$r(P_3) = \frac{r(P_1)}{2} \tag{7-17}$$

$$r(P_4) = \frac{r(P_5)}{2} + \frac{r(P_6)}{1} \tag{7-18}$$

$$r(P_5) = \frac{r(P_3)}{3} + \frac{r(P_4)}{2} \tag{7-19}$$

$$r(P_6) = \frac{r(P_4)}{2} + \frac{r(P_5)}{2} \tag{7-20}$$

例えば、式 (7-15) の $r(P_1)$ の場合、ページ 1 にリンクを張っているのはページ 3 のみです。ページ 3 は、ページ 1、ページ 2、ページ 5 の 3 ページにリンクを張っています。よって、$r(P_3)/3$ と書くことができます。

式 (7-15)〜(7-20) をまとめて、行列で次のように表現することができます。

$$
\begin{bmatrix} r(P_1) \\ r(P_2) \\ r(P_3) \\ r(P_4) \\ r(P_5) \\ r(P_6) \end{bmatrix} =
\begin{bmatrix}
0 & 0 & 1/3 & 0 & 0 & 0 \\
1/2 & 0 & 1/3 & 0 & 0 & 0 \\
1/2 & 0 & 0 & 0 & 0 & 0 \\
0 & 0 & 0 & 0 & 1/2 & 1 \\
0 & 0 & 1/3 & 1/2 & 0 & 0 \\
0 & 0 & 0 & 1/2 & 1/2 & 0
\end{bmatrix}
\begin{bmatrix} r(P_1) \\ r(P_2) \\ r(P_3) \\ r(P_4) \\ r(P_5) \\ r(P_6) \end{bmatrix} \tag{7-21}
$$

式 (7-21) をさらに単純化して表してみましょう。

$$
\boldsymbol{x} = \begin{bmatrix} r(P_1) \\ r(P_2) \\ r(P_3) \\ r(P_4) \\ r(P_5) \\ r(P_6) \end{bmatrix}, \quad
A = \begin{bmatrix}
0 & 0 & 1/3 & 0 & 0 & 0 \\
1/2 & 0 & 1/3 & 0 & 0 & 0 \\
1/2 & 0 & 0 & 0 & 0 & 0 \\
0 & 0 & 0 & 0 & 1/2 & 1 \\
0 & 0 & 1/3 & 1/2 & 0 & 0 \\
0 & 0 & 0 & 1/2 & 1/2 & 0
\end{bmatrix}
$$

とすると、

$$\boldsymbol{x} = A\boldsymbol{x} \tag{7-22}$$

となります。式 (7-22) と固有値、固有ベクトル定義の式 (7-9) とを見比べてみましょう。式 (7-9) の $\lambda = 1$ のとき一致することがわかります。PageRank は、固有値 1 に属する固有ベクトルの成分ということになります。

つまり、Google の検索で用いられる重要度である PageRank は、Web 上の各ページのリンクの様子を行列で表現し、導出した固有ベクトルであるといえるでしょう。Google は膨大な Web ページのリンクの様子を行列にし、その膨大な行列について演算を高速に行う方法をもっています。PageRank の基礎となっているのは、線形代数

であるということがわかれば、読者のみなさんも線形代数を使った新たな発見、価値創造に出会えるかもしれません。

▶ Python **で計算してみよう**

図 7-5 の六つのページの PageRank を Python で計算してみましょう。プログラムはリスト 7-9 に示します。

まずは、六つのページのリンクの関係を表す式 (7-21) で示した行列を A として用意します。

その行列の固有値、固有ベクトルを「lm,v=np.linalg.eig(A)」で求めます。lm に固有値、v に固有ベクトルが格納されています。「lm」を見てみると、2 番目（配列は 0 番目から数えるのでプログラム内では 1 番目）の固有値が 1 のようです。よって、この固有値に属する固有ベクトルの成分が PageRank といえます。「lm」の 2 番目の固有ベクトルを取得するには「v[:,1]」とすればよいです。「.reshape(1,-1)」とすれば列ベクトルとなり見やすくなります。その結果、すべての値が負の値として表現されています。一方、PageRank は正の値で定義されていました。ここで、7-3-2 項で述べた「固有ベクトルは方向だけが決まっており、大きさは自由に変えられる」ということを思い出してください。固有ベクトルは定数倍を掛けてもよいことになります。つまり、この結果に「−1」を掛けて、すべてを正の値に変えてもよいことになります。実際「-v[:,1].reshape(-1,1)」とすると、次のような結果となります。

```
array([[8.89913143e-16],
       [4.27609337e-16],
       [7.27716498e-16],
       [7.42781353e-01],
       [3.71390676e-01],
       [5.57086015e-01]])
```

「e-16」、「e-01」は 10^{-16}、10^{-1} を表します。そのことから、ページ 4、ページ 6、ページ 5 の順で PageRank が高いことがわかります。

▶ リスト 7-9　PageRank を求める

```
import numpy as np
A=np.array([[0,0,1/3,0,0,0],
            [1/2,0,1/3,0,0,0],
            [1/2,0,0,0,0,0],
            [0,0,0,0,1/2,1],
            [0,0,1/3,1/2,0,0],
            [0,0,0,1/2,1/2,0]
            ])
```

```
A
```

```
array([[0.    , 0.    , 0.33333333, 0.    , 0.    ,
    0.    ],
    [0.5    , 0.    , 0.33333333, 0.    , 0.    ,
    0.    ],
    [0.5    , 0.    , 0.    ,0.    ,0.    ,
    0.    ],
    [0.    , 0.    , 0.    ,0.    ,0.5    ,
    1.    ],
    [0.    , 0.    , 0.33333333, 0.5    , 0.    ,
    0.    ],
    [0.    , 0.    , 0.    , 0.5    , 0.5    ,
    0.    ]])
```

```
# 固有値、固有ベクトルを求める
lm,v=np.linalg.eig(A)
```

```
# 固有値
lm
```

```
array([ 0.    , 1.    , 0.40824829,-0.40824829,-0.5    ,
    -0.5    ])
```

```
# 固有値1に対応する（lmの1番目の）固有ベクトル
v[:,1].reshape(-1,1)
```

```
array([[-8.89913143e-16],
    [-4.27609337e-16],
    [-7.27716498e-16],
    [-7.42781353e-01],
    [-3.71390676e-01],
    [-5.57086015e-01]])
```

```
# 固有ベクトルは定数倍することができるため、すべて負の値の場合は
# −1を掛けることができる
-v[:,1].reshape(-1,1)
```

```
array([[8.89913143e-16],
    [4.27609337e-16],
    [7.27716498e-16],
    [7.42781353e-01],
    [3.71390676e-01],
    [5.57086015e-01]])
```

謝　辞

本書の執筆にあたり、様々な方にお礼を申し上げたく思います。

　武蔵野大学データサイエンス学部 清木 康教授・学部長、北川 高嗣教授には、私が筑波大学に在学中から現在まで、多くのご助言を頂きました。特に、本書の5-3節で示した「画像データからの印象語抽出システムを線形写像で実現」については、北川教授、清木教授による Media-lexicon Transformation Operator[6], [7] に基づいており、線形写像の実用例の一つとして挙げさせていただいています。さらに、現在私が推進している感性情報処理、Media Transformation の研究もこの理論が基盤となっています。ここに深く感謝いたします。

　公益財団法人日本数学検定協会 中村 力氏には、森北出版株式会社をご紹介いただき、本書を執筆するためのきっかけを頂きました。ここに深く感謝いたします。

　武蔵野大学データサイエンス学部 上林 憲行教授をはじめとして、武蔵野大学データサイエンス学部の教職員の方々には、日々の業務から教育、研究まで、非常に多くのご助言、ご支援を頂きました。本書も、武蔵野大学データサイエンス学部において、アジャイル型教育を実現するための一つのコンテンツと位置付けることができます。ここに深く感謝いたします。

　本書を担当していただいた森北出版株式会社 上村 紗帆女史には、多大なお時間を頂き議論をさせていただきました。また、私の拙い原稿を隅々まで熟読いただきご指摘いただくだけでなく、本書をよりよくするアイデアをたくさん頂きました。今までにない書籍を創ろうということで、このような素敵な本書を出すことができました。ここに深く感謝いたします。

　末筆でありますが、皆様、本当にありがとうございました。

2021 年 4 月 29 日
　　　新型コロナウイルスの第 4 波が訪れた武蔵野大学有明キャンパス内にて
　　　　　　　　　　　　　　　　　　　　　　　　　　　　　中西 崇文

参考文献

【本文中で参照した文献】
[1] 武蔵野大学データサイエンス学部，データサイエンスにおける実践教育の取り組み，月刊統計 71(5)，pp. 41-45，2020.
[2] 中西 崇文，様々な分野の本質を見抜き価値創造するデータサイエンス，月刊統計 71(5)，pp. 36-40，2020.
[3] goo 国語辞書，デジタル大辞泉，小学館，2020.
[4] 石井俊全，まずはこの一冊から　意味がわかる線形代数，ベレ出版，2011.
[5] ヨビノリたくみ，予備校のノリで学ぶ線形代数，東京図書株式会社，2020.
[6] T. Kitagawa and Y. Kiyoki, "Fundamental framework for media data retrieval systems using media-lexico transformation operator," Information Modelling and Knowledge Bases, vol. 12, pp. 316-326, 2001.
[7] 北川高嗣，中西崇文，清木 康：静止画像メディアデータを対象としたメタデータ自動抽出方式の実現とその意味的画像検索への適用，情報処理学会論文誌，データベース，Vol.43，No.12，pp.38-51 (2002).
[8] Zellig S. Harris (1954) Distributional Structure, WORD, 10:2-3, 146-162, DOI: 10.1080/00437956.1954.11659520
[9] 小林 重順，カラーイメージスケール 改訂版，講談社，2001.
[10] 国際連合広報センター，SDGs のポスター・ロゴ・アイコンおよびガイドライン https://www.unic.or.jp/activities/economic_social_development/sustainable_development/2030agenda/sdgs_logo/.
[11] Standard Cyborg https://www.standardcyborg.com/.
[12] Standard Cyborg, Capture: 3D Scan Anything https://apps.apple.com/jp/app/capture-3d-scan-anything/id1444183458.
[13] 無料で 3D スキャンができる iPhone アプリ「Capture」を使ってみた https://styly.cc/ja/tips/capture-3dmodel/.
[14] Amy N.Langville, Carl D.Meyer 著，岩野和生，黒川利明，黒川洋訳，Google PageRank の数理―最強検索エンジンのランキング手法を求めて―，共立出版，pp. 39-60，2009.

【本書執筆のために参照した線形代数の良書】
[15] 齋藤 正彦，線型代数入門（基礎数学），東京大学出版会，1966.
[16] Gilbert Strang 著，松崎 公紀，新妻 弘訳，世界標準 MIT 教科書ストラング：線形代数イントロダクション 原書 第 4 版，近代科学社，2015.

[17] Philip N. Klein, 松田 晃一, 弓林 司, 脇本 佑紀, 中田 洋, 齋藤 大吾訳, 行列プログラマー —Python プログラムで学ぶ線形代数, オライリー・ジャパン, 2016.

[18] Howard Anton, 山下 純一訳, 新装版 アントンのやさしい線型代数, 現代数学社, 2020.

[19] 柴田 正憲, 貴田 研司, 情報科学のための線形代数, コロナ社, 2009.

[20] 平岡 和幸, 堀 玄, プログラミングのための線形代数, オーム社, 2004.

[21] 塚田 真, 金子 博, 小林 羑治, 高橋 眞映, 野口 将人, Python で学ぶ線形代数学, オーム社, 2020.

[22] 石井 俊全, 1 冊でマスター 大学の線形代数, 技術評論社, 2015.

[23] 皆本 晃弥, 基礎からスッキリわかる線形代数 —アクティブラーニング実践例つき, 近代科学社, 2019.

[24] 田中 聡久, 信号・データ処理のための行列とベクトル —複素数, 線形代数, 統計学の基礎—, コロナ社, 2019.

[25] 小島 寛之, ゼロから学ぶシリーズ ゼロから学ぶ線形代数, 講談社, 2002.

[26] 馬場 敬之, スバラシク実力がつくと評判の線形代数キャンパス・ゼミ改訂 8, マセマ出版社, 2020.

[27] 高松 瑞代, 応用がみえる線形代数, 岩波書店, 2020.

[28] 原田 史子, 島川 博光, 線形代数学に基づくデータ分析法, 共立出版, 2016.

[29] 苅田正雄, 上田太一郎, 渕上美喜, 図解入門 よくわかる行列・ベクトルの基本と仕組み, 秀和システム, 2004.

[30] 谷尻かおり, 文系プログラマーのための Python で学び直す高校数学, 日経 BP 社, 2019.

[31] 加藤文元, 数研講座シリーズ大学教養 線形代数, 数研出版, 2019.

索　引

著 者 略 歴

中西 崇文（なかにし・たかふみ）
1978 年　三重県伊勢市生まれ
2006 年　筑波大学大学院システム情報工学研究科にて博士（工学）の学位
　　　　取得
2006 年　情報通信研究機構にてナレッジクラスタシステムの研究開発に
　　　　従事
2014 年　国際大学グローバル・コミュニケーション・センター准教授・主
　　　　任研究員、テキストマイニング、データマイニング手法の研究開
　　　　発に従事
2018 年　武蔵野大学工学部数理工学科准教授
2019 年　武蔵野大学データサイエンス学部データサイエンス学科長
　　　　准教授
　　　　現在に至る

著書に『スマートデータ・イノベーション』（翔泳社）、『シンギュラリティ
は怖くない：ちょっと落ちついて人工知能について考えよう』（草思社）な
どがある。

編集担当　上村紗帆（森北出版）
編集責任　富井　晃（森北出版）
組　版　プレイン
印　刷　丸井工文社
製　本　同

Python ハンズオンによる
はじめての線形代数　　　　　　　　　　　　　ⓒ 中西崇文　2021

2021 年 9 月 30 日　第 1 版第 1 刷発行　　【本書の無断転載を禁ず】

著　者　中西崇文
発行者　森北博巳
発行所　森北出版株式会社
　　　　東京都千代田区富士見 1-4-11 （〒102-0071）
　　　　電話 03-3265-8341／FAX 03-3264-8709
　　　　https://www.morikita.co.jp/
　　　　日本書籍出版協会・自然科学書協会　会員
　　　　JCOPY ＜（一社）出版者著作権管理機構　委託出版物＞

落丁・乱丁本はお取替えいたします.
Printed in Japan／ISBN978-4-627-85581-6